可愛100%
・
超吸睛！

可愛100%
・
超吸睛！

可愛100%・超吸睛！

138款超簡單不織布小玩偶

只要縫縫貼貼
就能完成喔！

要不要試看看以不織布製作可愛的小玩偶呢？
本書收錄了只要簡單地疊合
2片不織布就可完成的小玩偶，
特別推薦給手作初心者來玩，
請務必嘗試作看看這些超卡哇伊的小玩偶喲！

Contents

兔子的午茶時光

兔子好朋友們正在享受愉快的下午茶時光，她們正在聊什麼悄悄話呢？

作法＊1・3→P.34　2→P.35

設計＊chibi-robin

時髦的貓咪

戴著蕾絲首飾，打扮時髦的貓咪們，
馬上就要出門了，快點起床吧！

作法＊ 4・5→P.36　6→P.37
設計＊ chibi-robin

超級好朋友粉紅豬

垂著大耳朵的可愛粉紅豬，
正計劃要去獵尋最愛的蘑菇，
如果能採收很多蘑菇，就太棒了！

作法＊7・8→P.40
9・10→P.38
設計＊chibi-robin

9

10

說悄悄話的 草泥馬 & 綿羊

正在說悄悄話的草泥馬 & 綿羊們，

11&14 的臀部上還有貼上尾巴喲！

作法＊ 11→P.41　12→P.40　13至15→P.39

設計＊ chibi-robin

11
草泥馬

12
草泥馬

14 綿羊

13
綿羊

15
綿羊

兔子 5 姊妹

隨著自己的意思、擺出不同姿勢的兔子姊妹們，

由於部件很少，簡單就可以完成。

作法＊ P.42

設計＊たちばなみよこ

小熊 5 兄弟

精神飽滿的小熊兄弟，感情相當好喲！

和 P.6 的兔子姊妹們擺的姿勢是一樣的喔！

作法＊ P.42

設計＊たちばなみよこ

快樂 動物園

介紹動物園裡最受歡迎的動物們，
以不同顏色的不織布作出不同模樣的動物，也很有趣呢！

作法＊26→P.44　27・29→P.45　28→P.43
設計＊たちばなみよこ

26
草泥馬

27 猴子

28 小象

29 獅子

作法＊30・32・33→P.44　31→P.45
設計＊たちばなみよこ

漂浮在水面的可愛動物

34
海豹

35 海豹

36
海豹

37
海瀨

愛好大海的海豹＆海瀨，隨著波濤漂浮在水面的模樣真可愛！

大家都自由自在地游泳呢！

作法＊34至36→P.47　37→P.48
設計＊chibi-robin

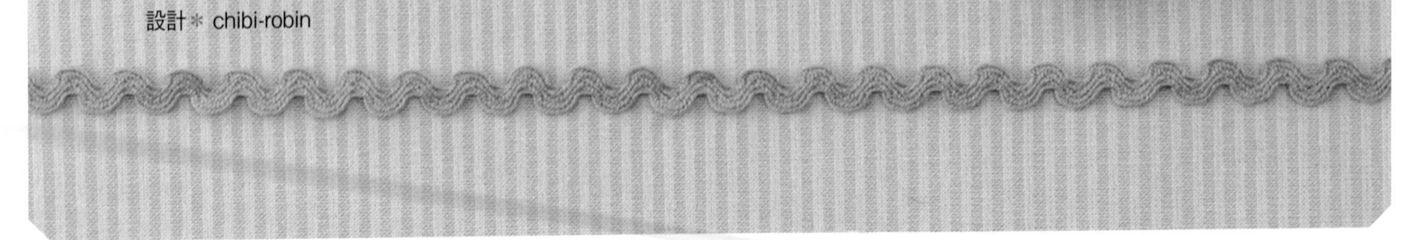

耐寒的北極圈動物

企鵝 & 北極熊都非常不怕冷，

40・41 的企鵝還是小寶寶，所以看起來毛絨絨的喔！

作法＊ 38至41 → P.50　42・43 → P.49

設計＊ chibi-robin

38 企鵝

39 企鵝

40 小企鵝

41 小企鵝

42 背面

42 北極熊

43 北極熊

森林中的伙伴們

44 飛鼠

45 飛鼠

46 刺蝟

47 刺蝟

48 刺蝟

神氣十足地在樹叢中飛來飛去的飛鼠，肚皮的模樣也很可愛；
色彩鮮豔的刺蝟，腳部也可以使用鈕釦製作喲！

作法＊ 44・45→P.52　46至48→P.54
設計＊ Chiku Chiku

頑皮的哈姆太郎

偷偷潛入廚房的哈姆太郎們，

如果太過頑皮搗蛋，很快就會被發現了喔！

作法＊ P.55

設計＊ Chiku Chiku

兒時記憶中的松鼠 & 小鹿斑比

圍著圍巾的松鼠們，找到了今天的餐點。

非常適合以粉彩色製作的小鹿斑比，正在開心地散步中。

作法＊ 53・54→P.53　55・56→P.56

設計＊ Chiku Chiku

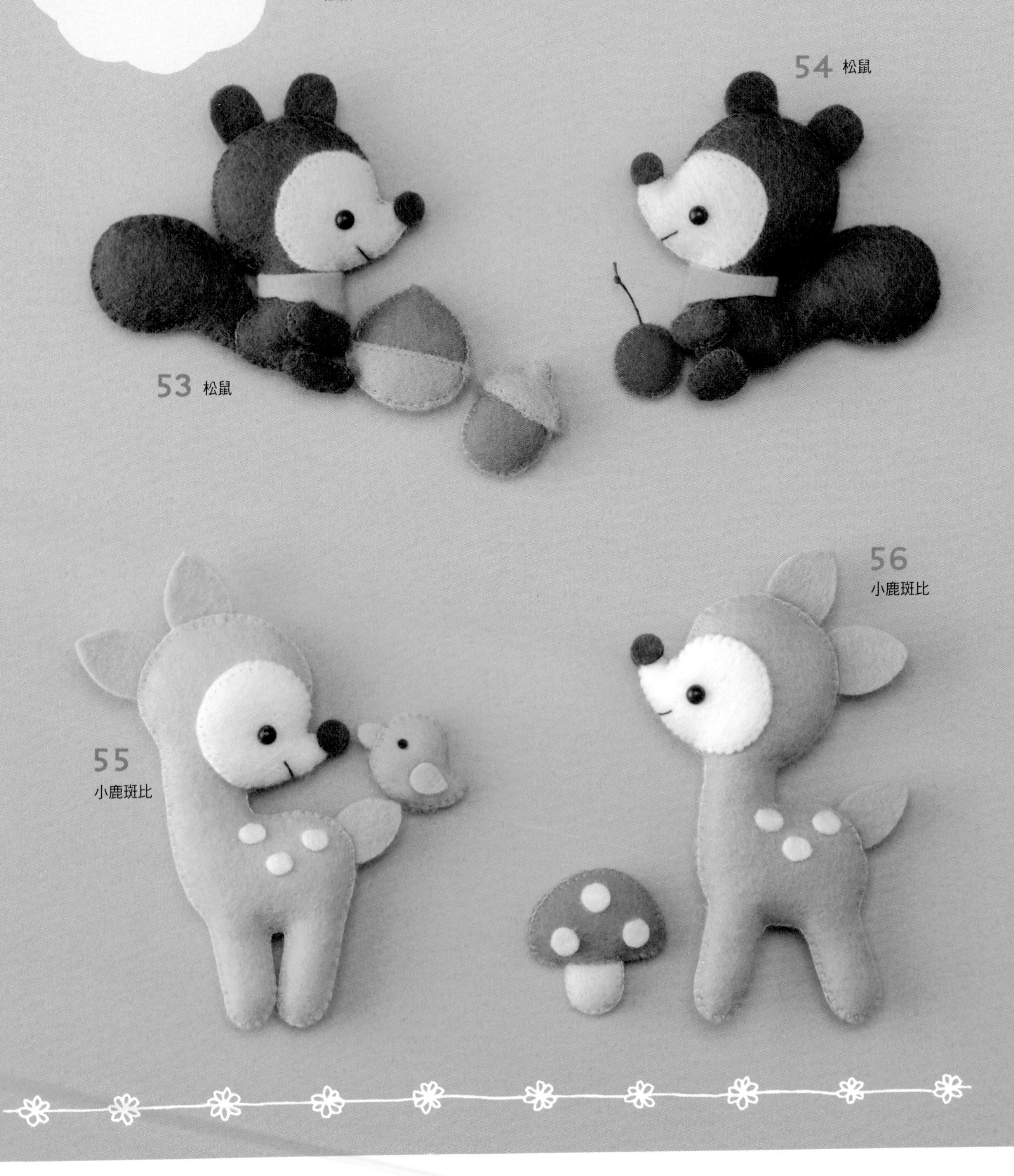

愛漂亮的吉娃娃

57
蜜蜂

58
小紅帽

59 草莓

60
哈蜜瓜

61 橘子

超級愛漂亮的吉娃娃正在考慮今天要穿什麼？
不管哪一個吉娃娃都超可愛，讓人一看就喜歡。

作法＊ 57・58 → P.57　59至61 → P.58
設計＊ Chiku Chiku

好想隨身帶著喜愛的小玩偶外出逛逛，
就把牠們作成手機吊飾吧！
這樣隨時都可以在一起囉！

作法＊62・63→P.60
64至66→P.61
設計＊こんどうみえこ

隨風輕輕搖啊搖著的可愛吊飾，

可吊掛在房間裡當成裝飾，作為包包掛飾也很可愛喲！

作法＊ P.59

設計＊こんどうみえこ

3 個俄羅斯娃娃的色彩組合都很亮眼，穿上自豪的圍裙，各個都帶著微笑。

作法＊P.62

設計＊北向邦子

雪人

一起圍上紅色圍巾的雪人，看起來就像俄羅斯娃娃一樣呢！
天真無邪的表情，很有療癒效果喔！

作法＊P.64
設計＊北向邦子

貓咪的會議

不知在討論什麼的貓咪們，

好像正在決定要選擇哪個毛線球喔！

作法＊P.66

設計＊松田恵子

75
俄羅斯藍貓

76
美國短毛貓

77
金吉拉貓

悠閒散步的小狗們

外出散步的小狗們，正在公園的休閒椅上休息中，大家一起談天說地，好不開心！

作法＊78・80・81→P.68　79・82→P.67

設計＊松田恵子

海豚媽媽 & 寶寶，曼波魚媽媽 & 寶寶，正在大海中講著悄悄話，

媽媽正在教孩子什麼呢？

汪洋海裡

作法＊P.70

設計＊たちばなみよこ

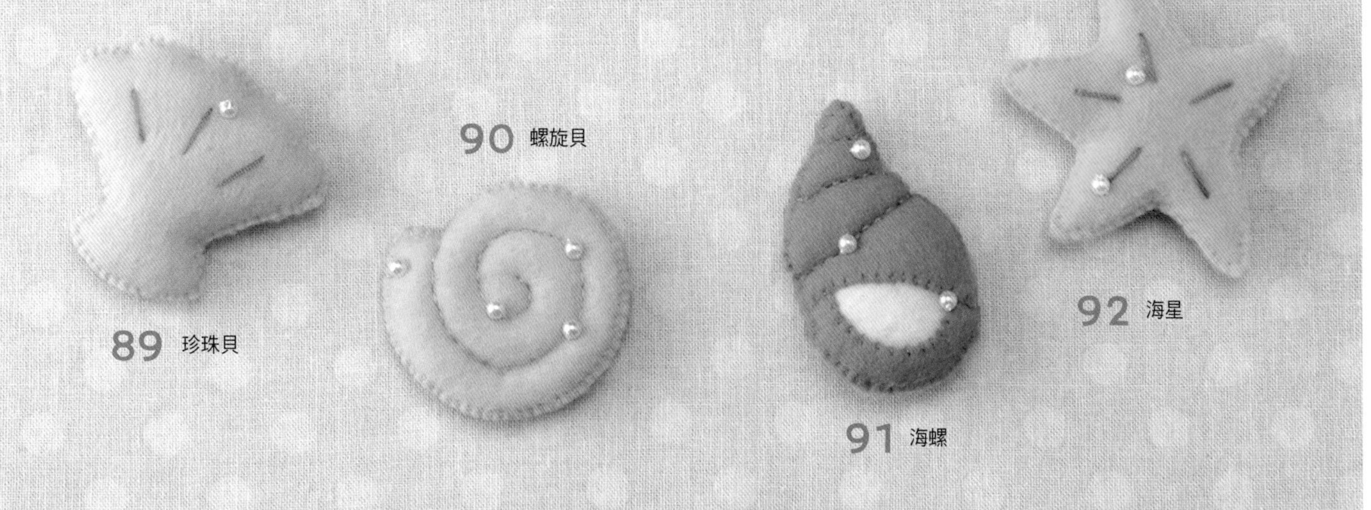

企鵝媽媽 & 寶寶

企鵝媽媽正在守護著熟睡中的企鵝寶寶，
企鵝寶寶一覺醒來，看到貝殼、海星等禮物，會嚇一跳吧！

作法＊ 87・88・90・91 → P.71　89・92 → P.70
設計＊たちばなみよこ

動作緩慢，有著自己生活步調的無尾熊，
大大的鼻子和招風耳是迷人的重點。

作法＊P.74
設計＊たちばなみよこ

採花的袋鼠

袋鼠一家人正在田野中摘著花兒，是不是要帶回去布置家裡呢？

作法＊P.75

設計＊たちばなみよこ

胖嘟嘟的水豚

有著粉紅色腮紅的可愛水豚，光看牠們的外表就覺得好溫馨呢！

作法＊ 99 → P.77　100至102 → P.76

設計＊松田恵子

翻滾玩耍中的貓熊

個性隨性自在的貓熊，

全都在地上翻來滾去，輕鬆地玩耍中。

作法＊ 103→P.77　104→P.79　105→P.78

設計＊松田恵子

106
107
雞
&
小雞
108
109
110

正在庭院中小快步地到處啄食。

裂開的雞蛋中，

好像正要蹦出另一隻小雞呢！

作法＊ 106至108・110・112至115→P.80
109・111→P.81

設計＊北向邦子

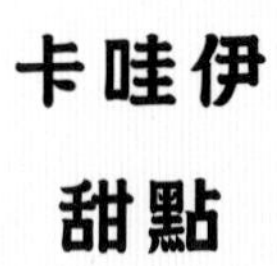

卡哇伊甜點

每一個看起來都超美味又可愛的甜點小玩意，
和實物的尺寸大小相同，所以很容易製作，
連簡單的鬆餅都變得很迷人！

作法＊P.82
設計＊秋元祥代（Smily*）

色彩繽紛的水果

全部以繽紛又討喜的顏色所製成的水果小玩意，
西洋梨、蘋果、橘子還可看到剖面的設計喔！

作法＊ 123至130 → P.84　131 → P.83
設計＊秋元祥代（Smily*）

街頭風景

如果將房子、汽車也作成小裝飾，
就可以完成一幅獨一無二的街景畫。

作法＊ 132至134→P.86
135至138→P.87

設計＊北向邦子

不織布小玩偶基礎作法

關於不織布

素材有羊毛、壓克力纖維、聚脂纖維等材質。請使用普通不織布而非有背膠的不織布。

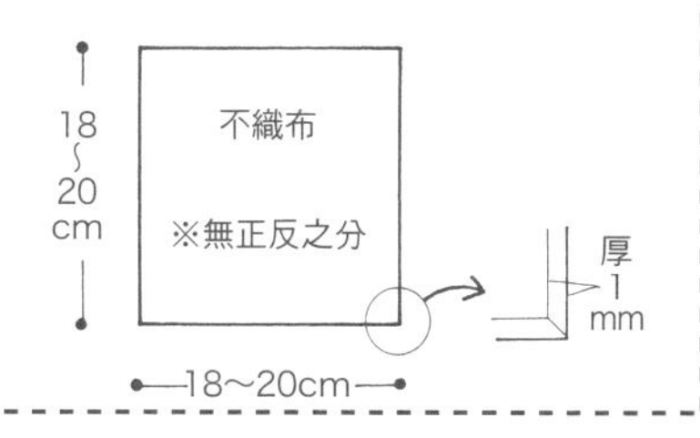

關於縫線

以 1 股 25 號繡線縫製，
並配合不織布顏色。
若標示使用「2 股」繡線，就穿過 2 股繡線。
手縫線也可以縫製小玩偶，但要選用彈性、耐用的線；
若使用手縫線，也是以 1 股縫製。

25號繡線

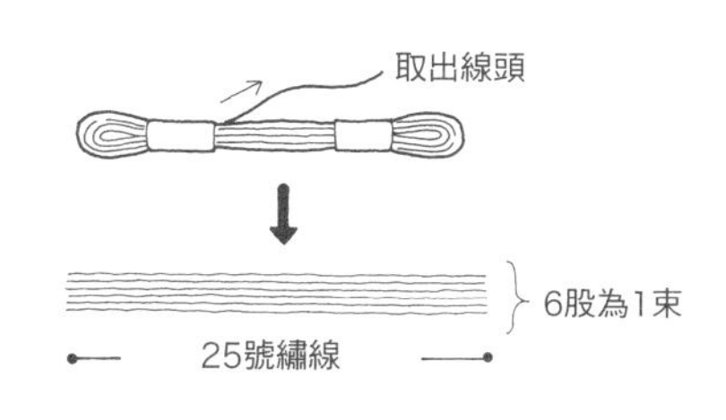

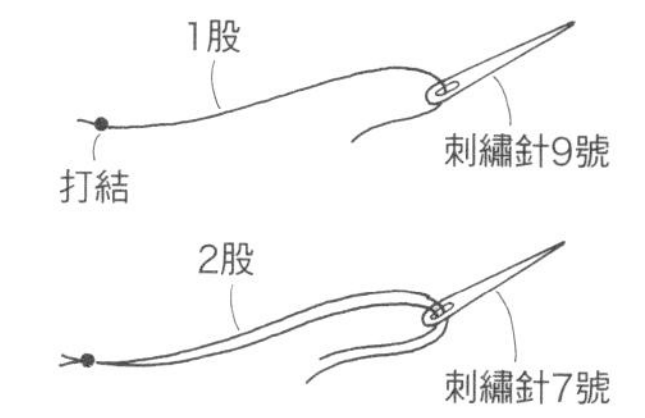

手縫線

小玩偶作法

1 製作紙型

將疊合在一起的部件分別描繪。

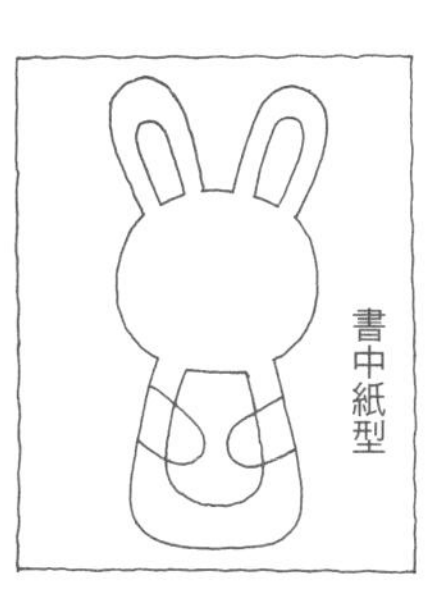

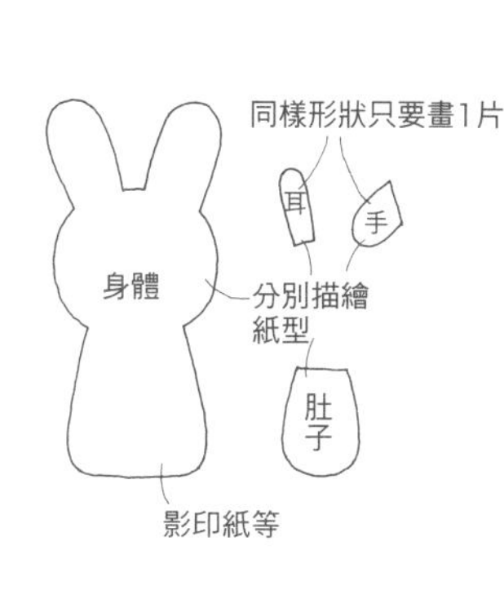

2 裁剪不織布

紙型鋪在不織布上畫線。
裁剪時，要剪在線的稍內側一點。

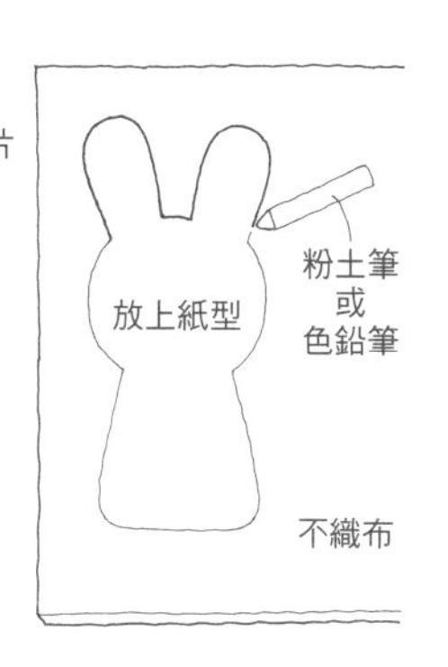

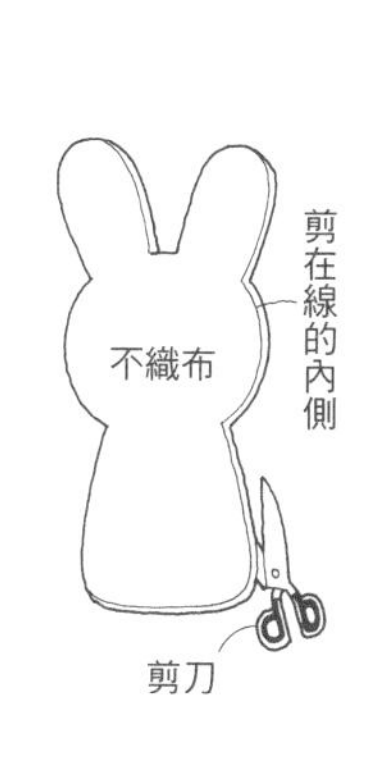

3 縫製

以「捲針縫」或「毛毯繡」縫製。

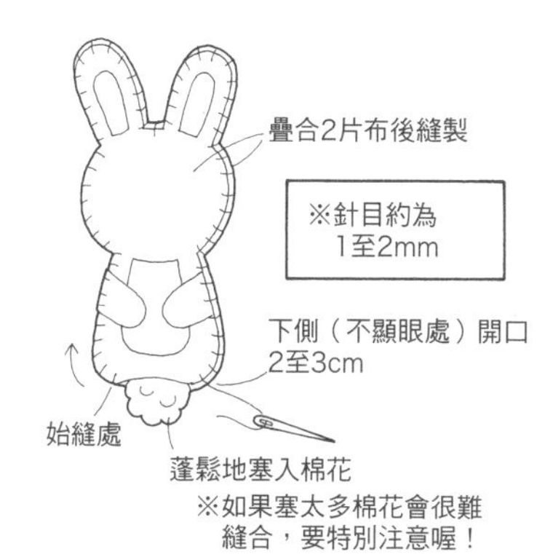

眼睛

A 是必須在小玩偶上開孔，塗抹接著劑後插入款。B 和 C 則要以同色線縫合固定。

A 插入式眼珠

B 眼珠鈕釦

C 圓珠

接著劑黏貼法

不織布用的接著劑，乾了就會變透明。
注意不要塗抹得太厚，
塗上接著劑，等稍乾後再黏貼。

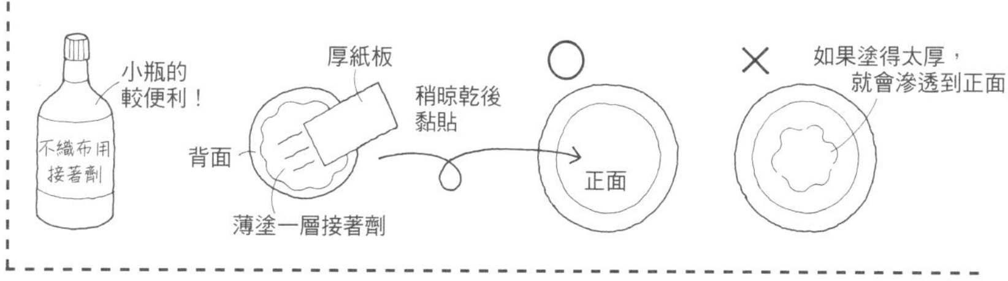

縫法 & 刺繡

捲針縫

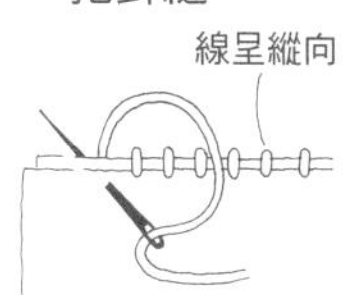

毛毯繡

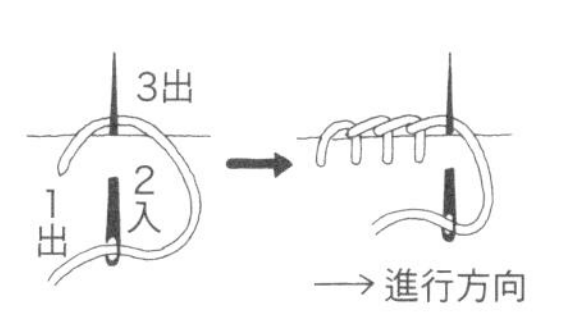

立針縫

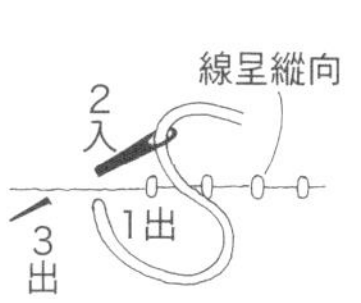

結粒繡

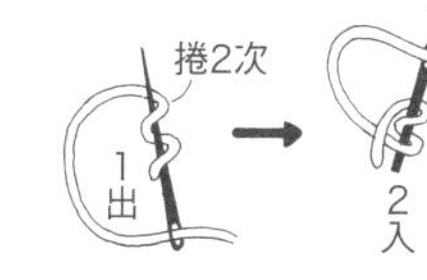

雛菊繡

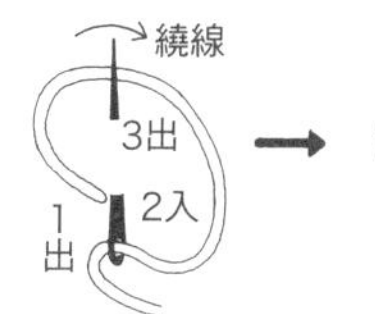

回針繡

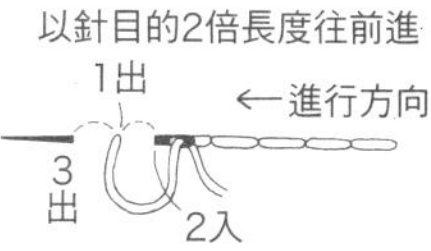

平針繡

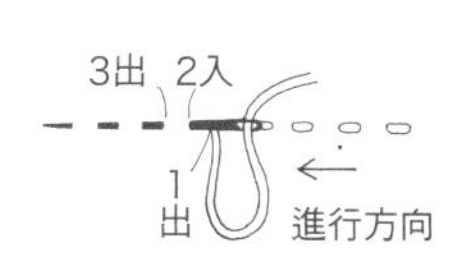

鎖鍊繡

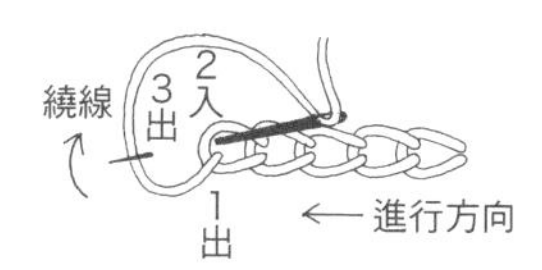

飛羽繡

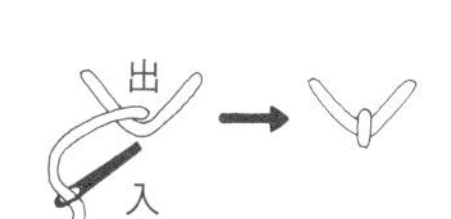

直線繡

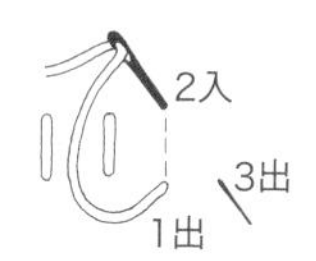

P.2 1・3 兔子

材料（2件共用）
不織布
（1鵝黃色 3淺褐色）10×15cm
（白色）5×5cm
（粉紅色）2×2cm
插入式眼珠（直徑4mm・黑色）2個
25號繡線（與不織布同色・褐色）
直徑0.8cm的花朵蕾絲1片
手工藝用棉花 適量

1 縫製身體&肚子。

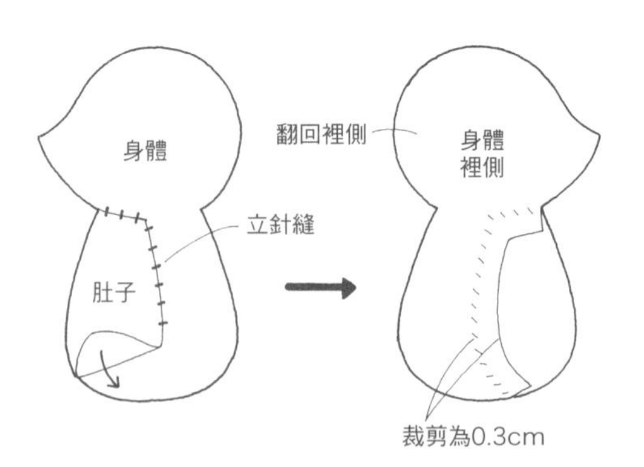

2 縫製手・腳・耳朵・尾巴。

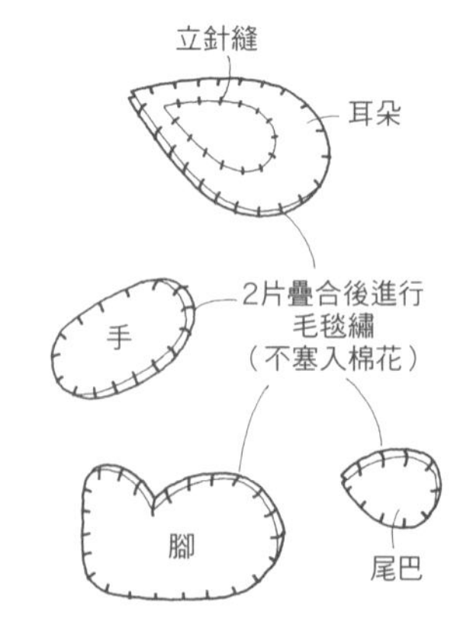

3 疊合身體後縫合，
塞入棉花。

4 縫製眼窩，組裝眼睛。
刺繡鼻子・嘴巴，組裝手・腳・耳朵。

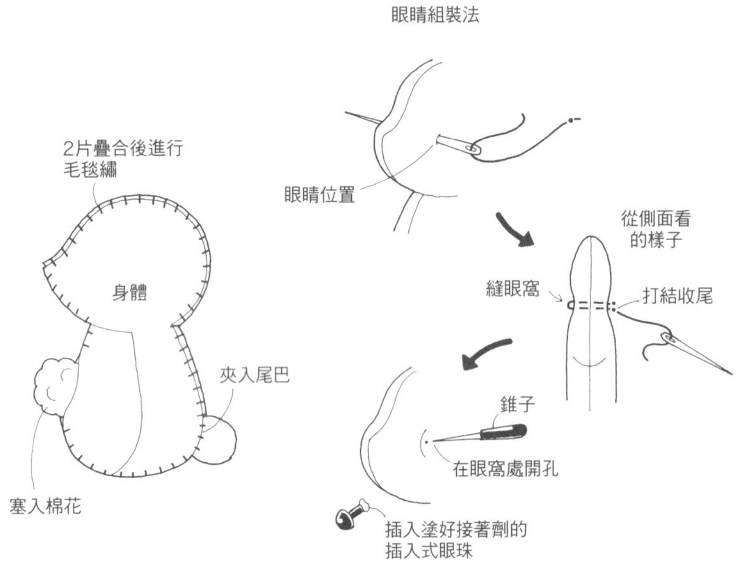

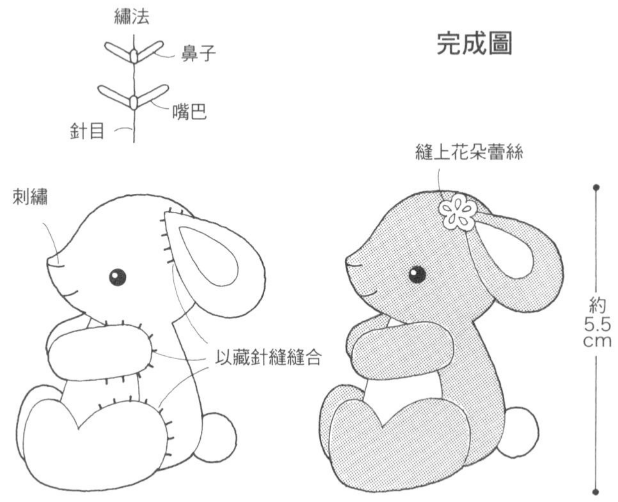

原寸紙型

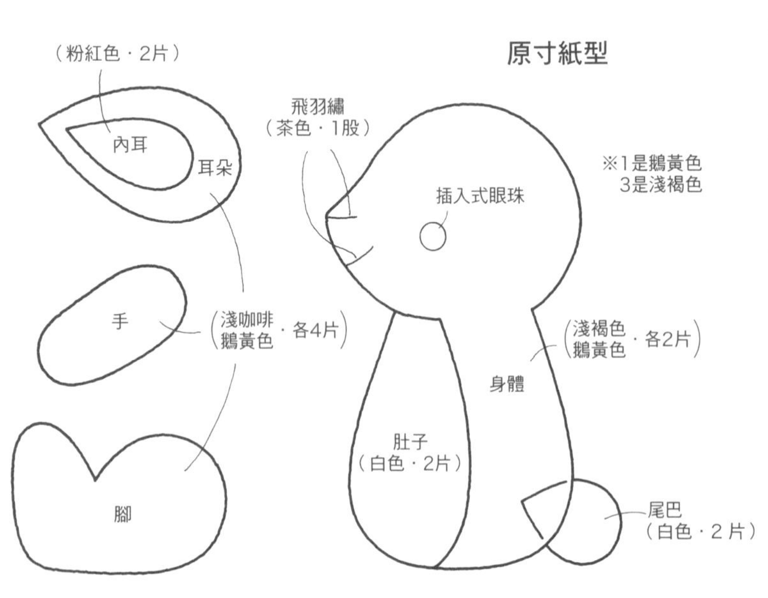

P.2 2

原寸紙型

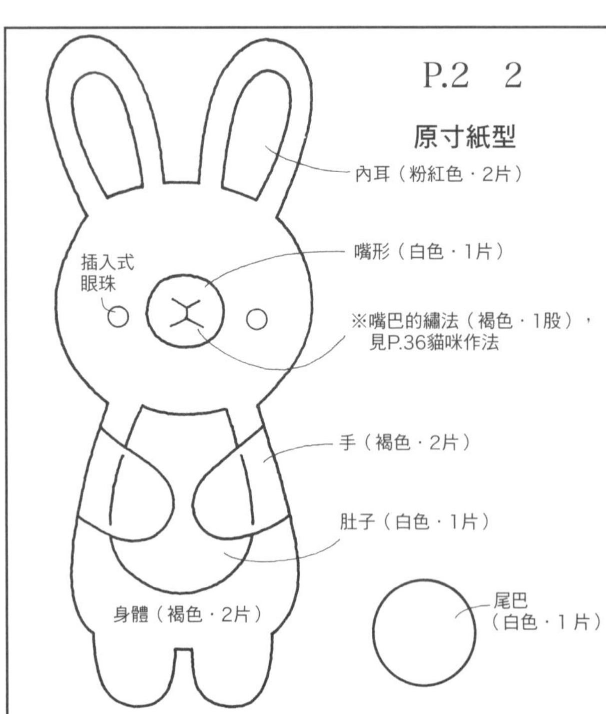

P.2　2　兔子

材料
不織布
（褐色）10×10cm
（白色）4×4cm
（粉紅色）2×2cm
插入式眼珠（直徑3.5mm・黑色）2個
25號繡線（褐色・白色・粉紅色）
寬1cm的蕾絲7cm
手工藝用棉花　適量

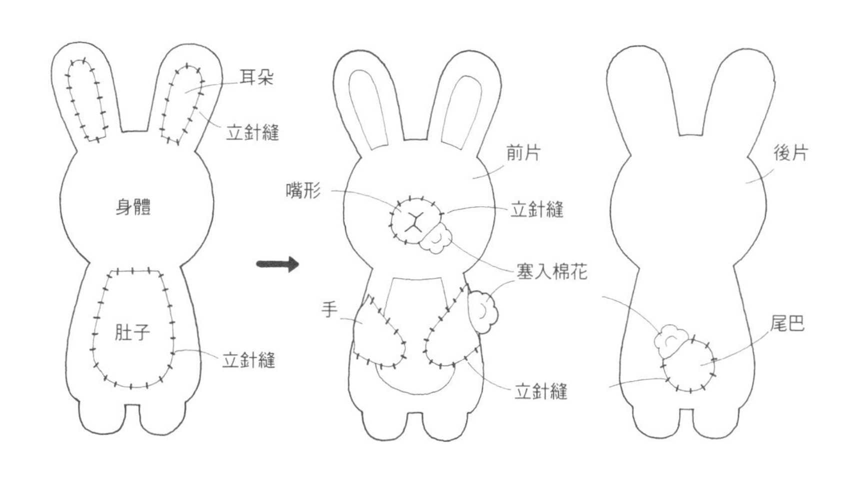

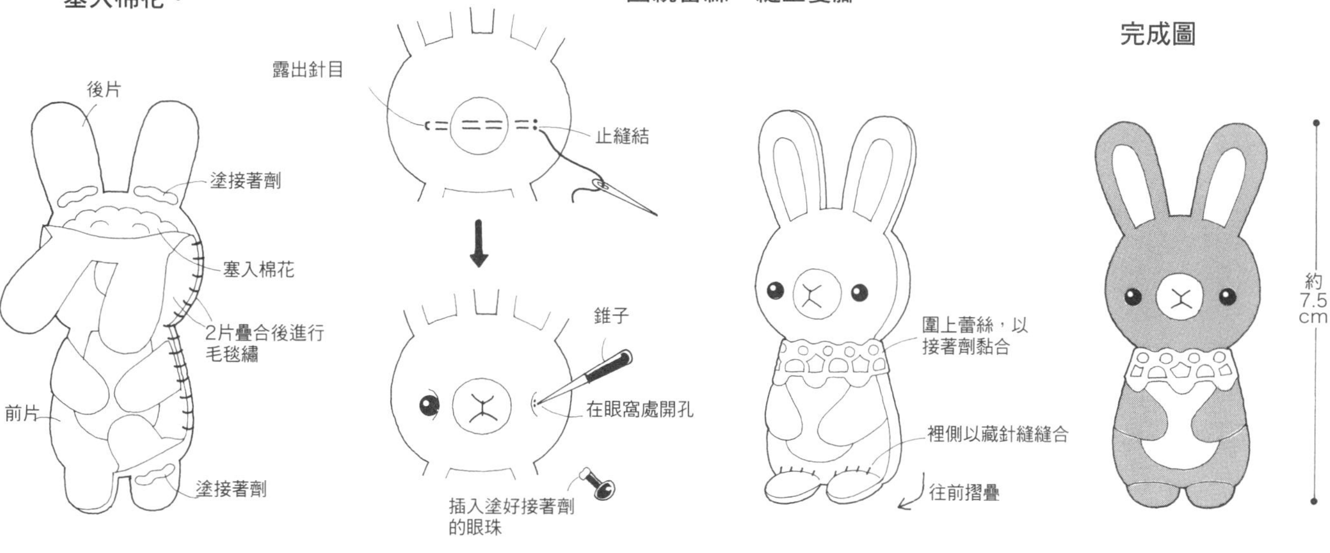

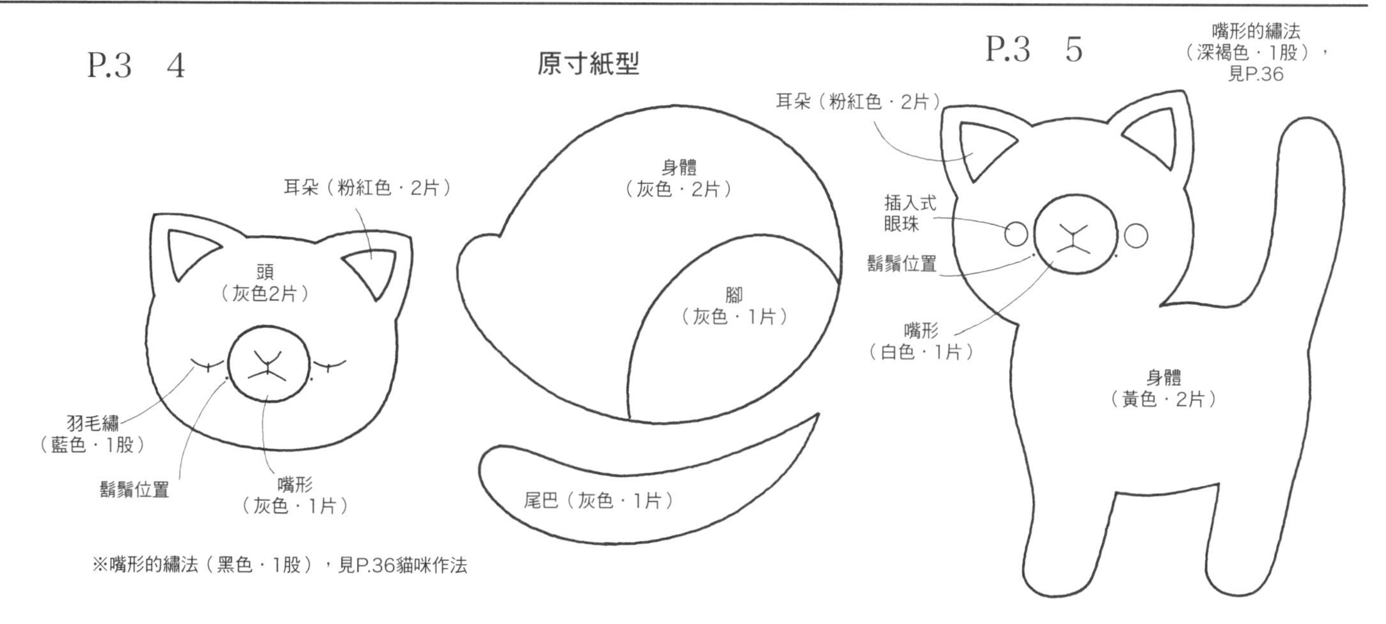

P.3 4 貓咪

材料
不織布
（灰色）15×15cm
（粉紅色）2×2cm
25號繡線（灰色・粉紅色・藍色・黑色）
寬0.8cm的蕾絲7cm
小吊飾1個
手工藝用棉花　適量

※原寸紙型見 P.35

1 縫製嘴形&臉部。疊合頭部後縫合，塞入棉花。

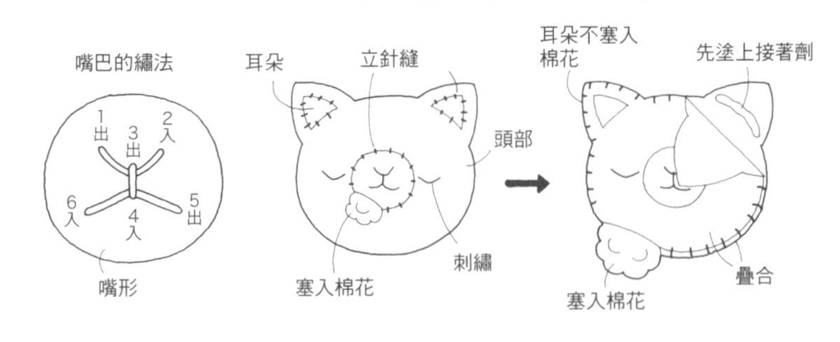

2 身體縫上貓腳&尾巴。疊合身體後縫合，塞入棉花。

3 疊合身體&頭部後手縫一圈。

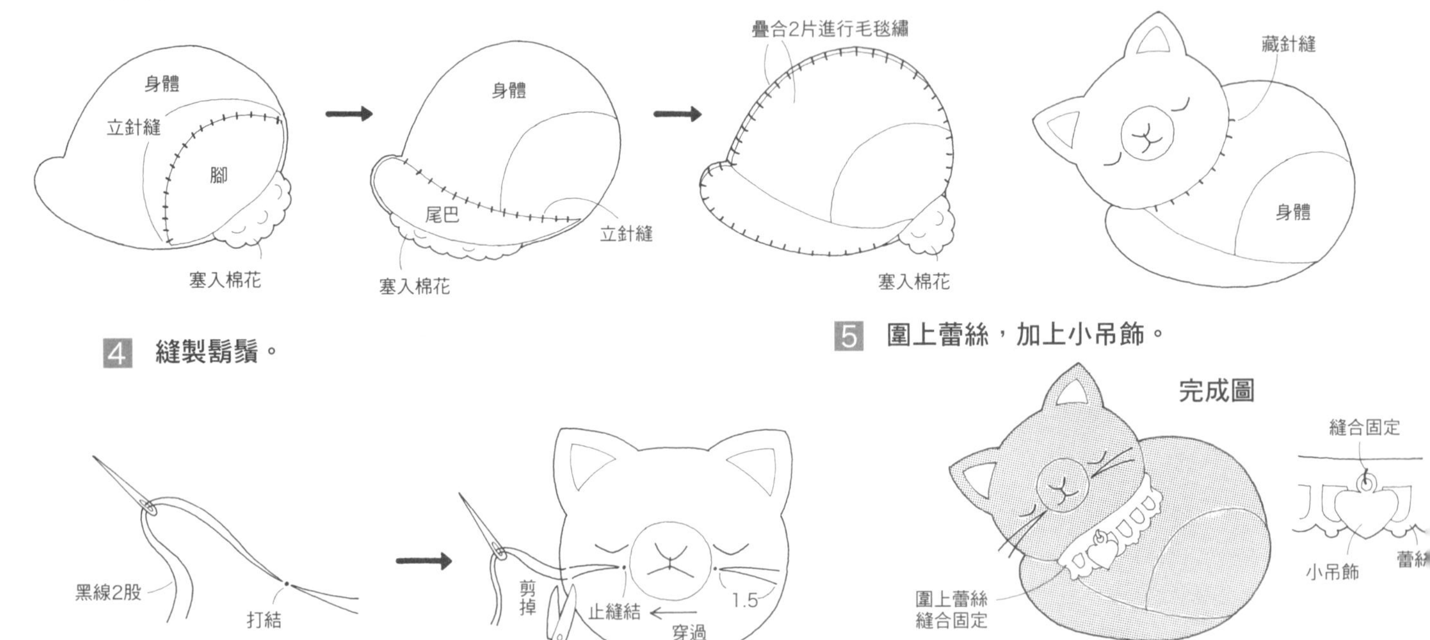

4 縫製鬍鬚。

5 圍上蕾絲，加上小吊飾。

P.3 5 貓咪

材料（2件共用）
不織布
（黃色）15×8cm
（白色）2×2cm
（粉紅色）2×2cm
插入式眼珠
（直徑3.3mm・黑色）2個
25號繡線
（黃色・白色・粉紅色・深褐色）
寬0.8cm的蕾絲7cm
小吊飾1個
手工藝用棉花　適量

※組裝插入式眼珠的方法見P.35
※原寸紙型見 P.35

1 身體縫上嘴形&耳朵。

2 疊合身體後縫合，塞入棉花。

3 組裝眼睛，圍繞蕾絲，加上小吊飾。

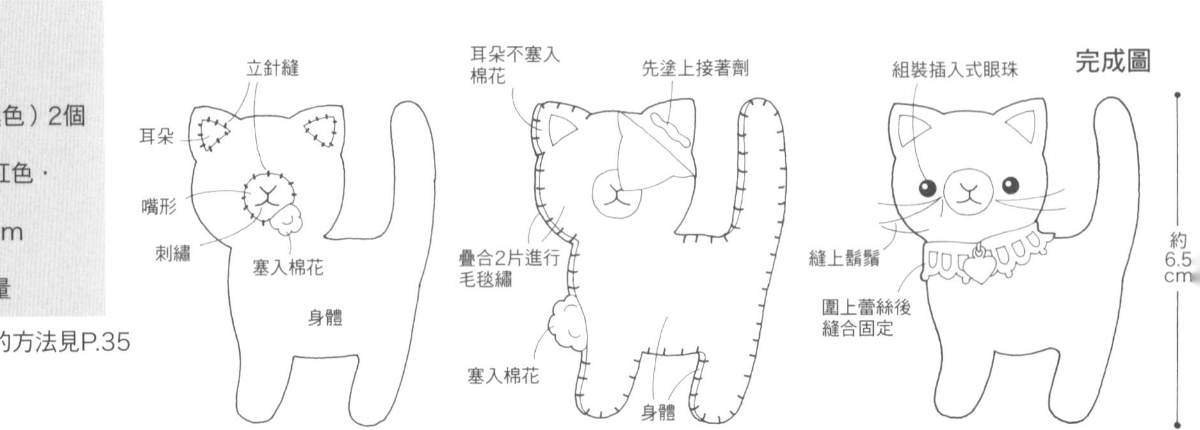

P.3　6　貓咪

材料
不織布
（花灰色）12×12cm
（白色）6×8cm
（粉紅色）2×2cm
（深粉紅色）3×3cm
插入式眼珠（直徑3.5mm・黑色）2個
25號繡線（粉紅色・灰色・白色・銀色）
寬0.8cm的蕾絲7cm
直徑0.8cm的花朵蕾絲1片
珍珠（直徑3mm）1個
手工藝用棉花　適量

※組裝插入式眼珠的方法見P.35
※嘴形的繡法見P.34

1 嘴形縫在白色不織布上，身體縫上耳朵。

2 白色不織布疊放在身體上後縫合。

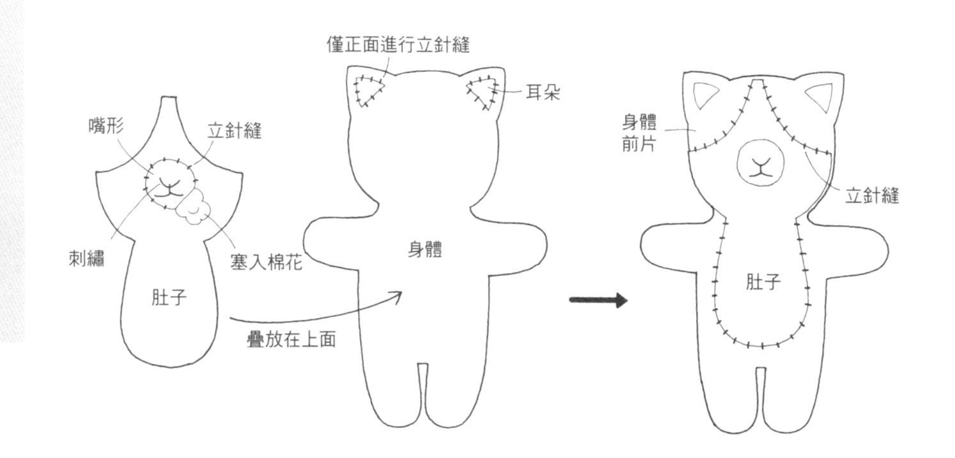

3 在另一片身體布的裡側塗接著劑。

4 疊合身體後縫合，塞入棉花。縫製尾巴。

5 縫上尾巴。

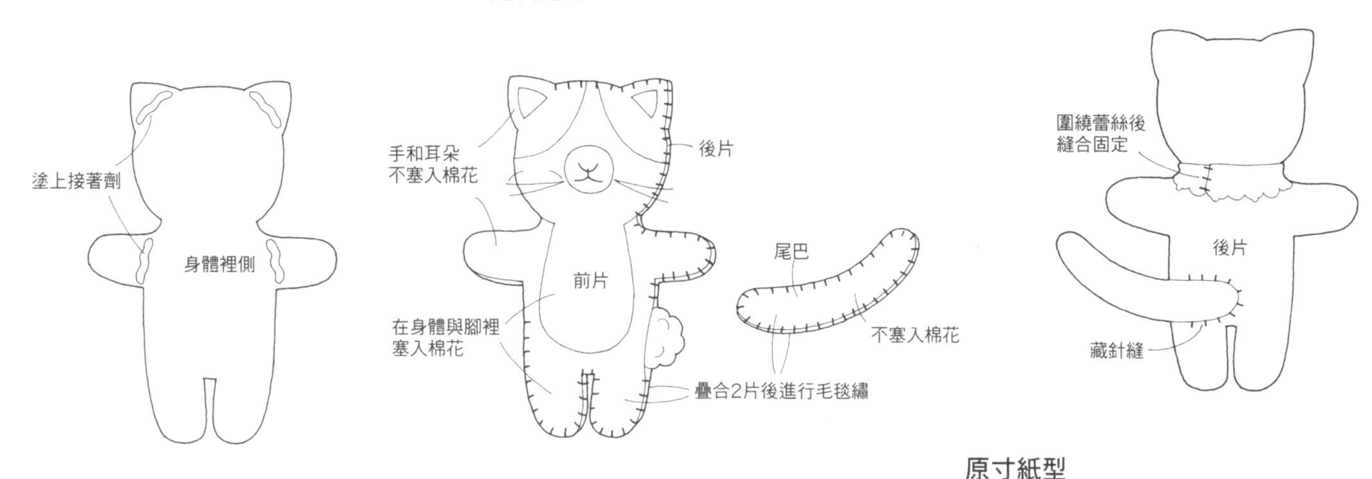

6 摺疊提包，以銀色繡線製作提把。

7 組裝眼睛，圍繞蕾絲。縫上花朵蕾絲。

完成圖

原寸紙型

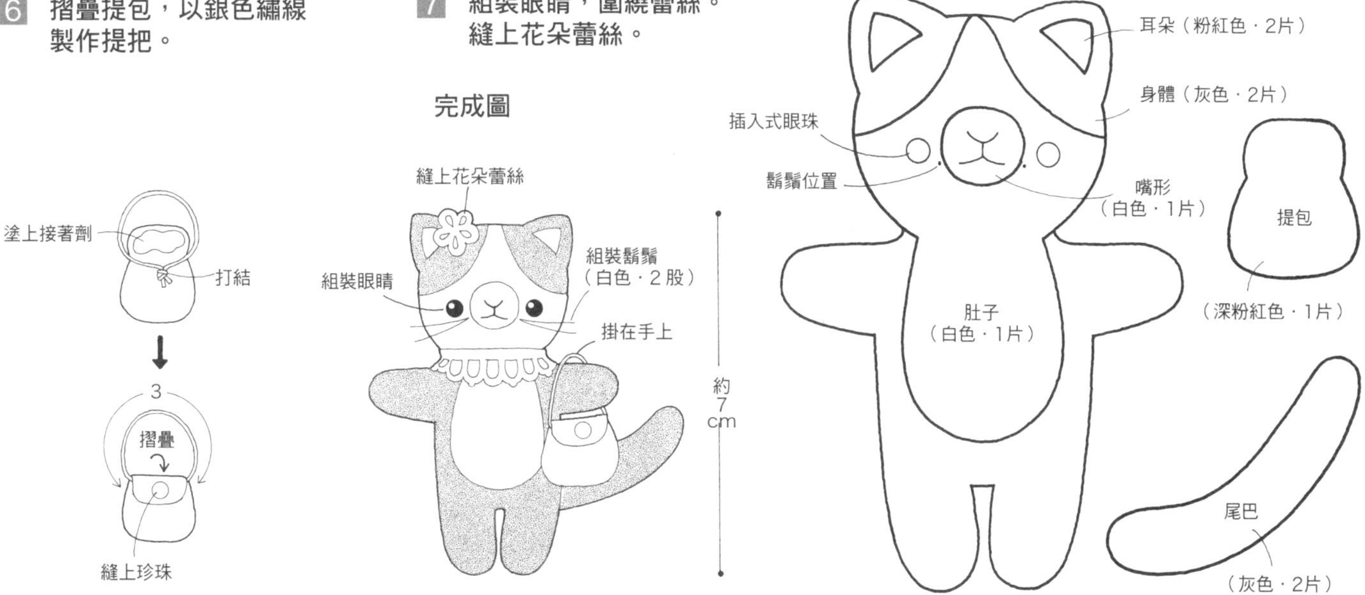

P.4 9・10 小豬

9材料
不織布
（粉紅色）16×10cm
（白色）2×4cm
插入式眼珠（直徑4mm・黑色）2個
25號繡線（深粉紅色・粉紅色）
粗0.1cm的繩子5cm
手工藝用棉花　適量

10材料
不織布
（粉紅色）15×7cm
（白色）2×4cm
插入式眼珠（直徑4mm・黑色）2個
25號繡線（深粉紅色・粉紅色）
粗0.1cm的繩子5cm
手工藝用棉花　適量

※組裝插入式眼珠的方法見P.34

10

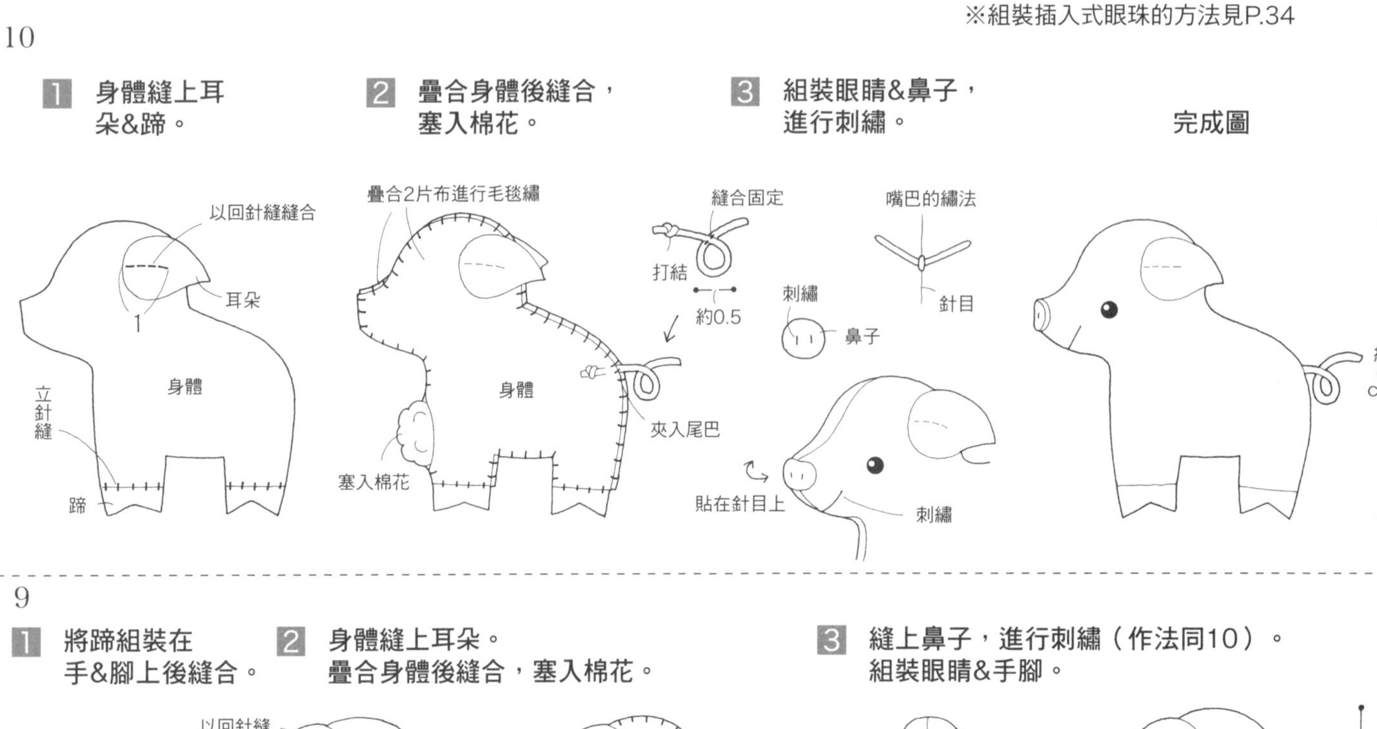

9

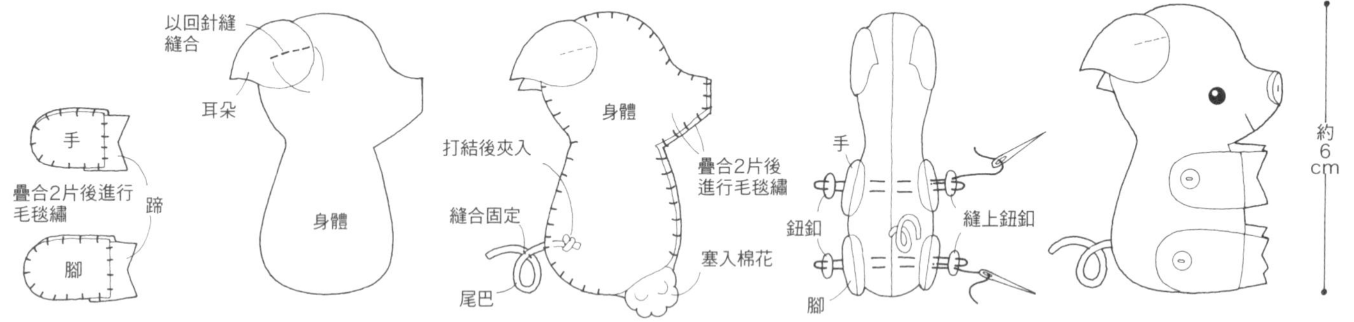

原寸紙型

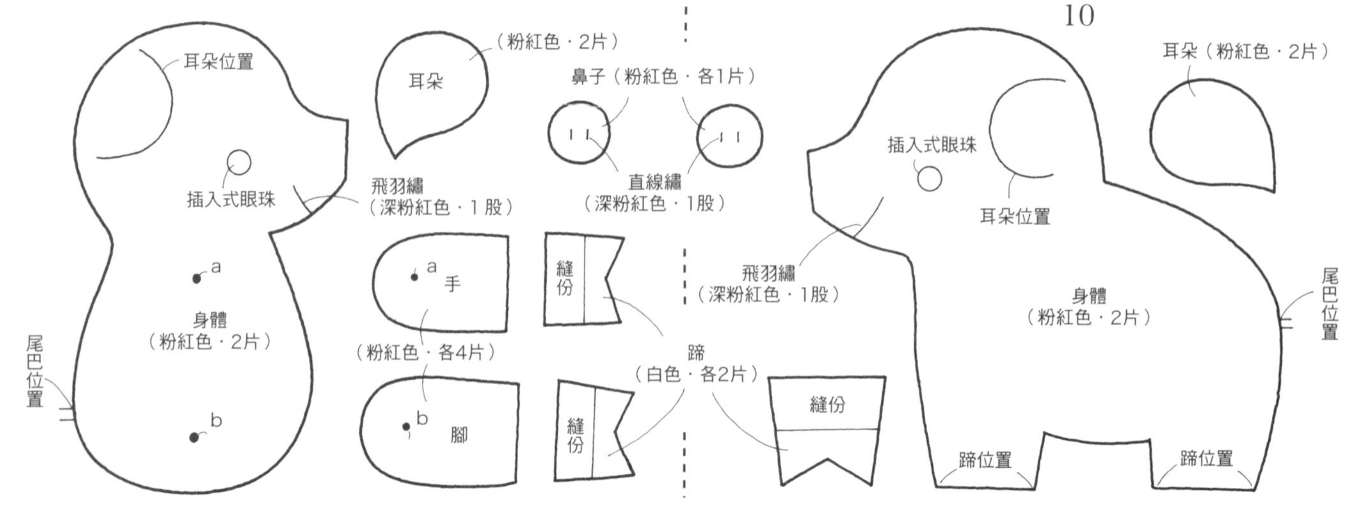

P.5 13・14・15 綿羊

13材料
不織布（奶油色）12x7cm
（白色）8×8cm
（褐色）2×2cm
插入式眼珠（直徑4mm・黑色）2個
25號繡線（奶油色・白色・褐色）
手工藝用棉花　適量

※組裝插入式眼珠的方法見P.34

14材料
不織布
（白色）12×10cm
插入式眼珠（直徑3.5mm・黑色）2個
25號繡線（白色・深褐色）
寬0.5cm的緞帶12cm
手工藝用棉花　適量

※組裝插入式眼珠的方法見P.35
※嘴形的繡法見P.36

15材料
不織布
（灰色）8×8cm
（白色）12×8cm
（黑色）2×2cm
插入式眼珠（直徑4mm・黑色）2個
25號繡線（灰色・白色・黑色）
手工藝用棉花　適量

14

1 臉部&腳縫在身體前片上。尾巴&腳縫在身體後片上。

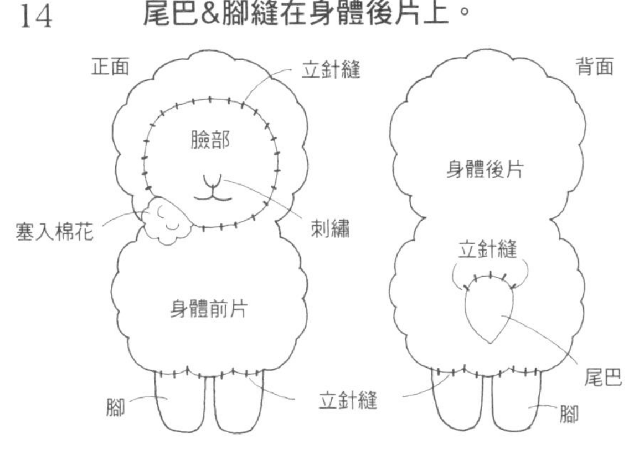

2 疊合身體後縫合，塞入棉花。縫上耳朵&緞帶。

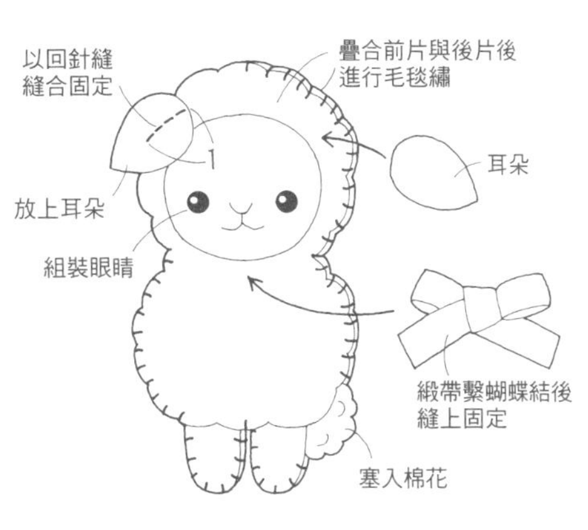

完成圖

13・15

1 臉部・腳・耳朵縫在身體上。

以回針縫
縫合固定
臉部
耳朵
立針縫
腳

2 疊合身體後縫合，塞入棉花。

疊合2片後進行
毛毯繡
夾入尾巴
塞入棉花

3 進行刺繡，組裝眼睛&羊角。

完成圖

原寸紙型

14

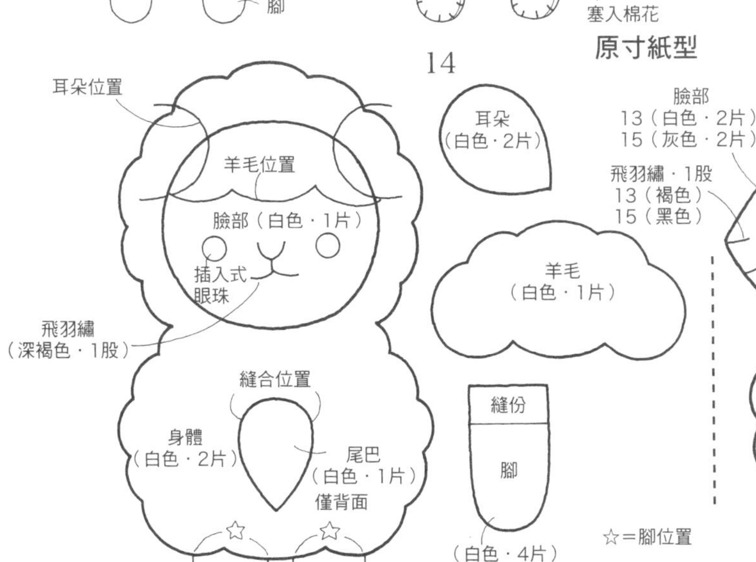

☆＝腳位置

13・15

羊角位置
臉部
13（白色・2片）
15（灰色・2片）
飛羽繡・1股
13（褐色）
15（黑色）
插入式眼珠
耳朵位置
羊角
13（褐色・2片）
15（黑色・2片）
耳朵
13（白色・2片）
15（灰色・2片）
身體
13（奶油色・2片）
15（白色・2片）
尾巴
13（白色・1片）
15（灰色・1片）
縫份
腳
13（白色・4片）
15（灰色・4片）

P.5 12 草泥馬

材料
不織布
（白色）15×13cm
插入式眼珠（直徑4mm・黑色）2個
25號繡線（白色・深褐色・黑色）
手工藝用棉花　適量

1 臉部・耳朵・腳組裝於身體。

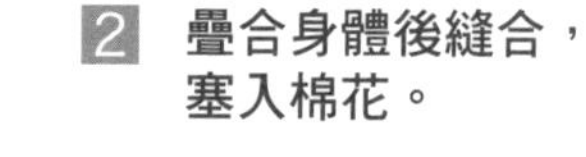
2 疊合身體後縫合，塞入棉花。

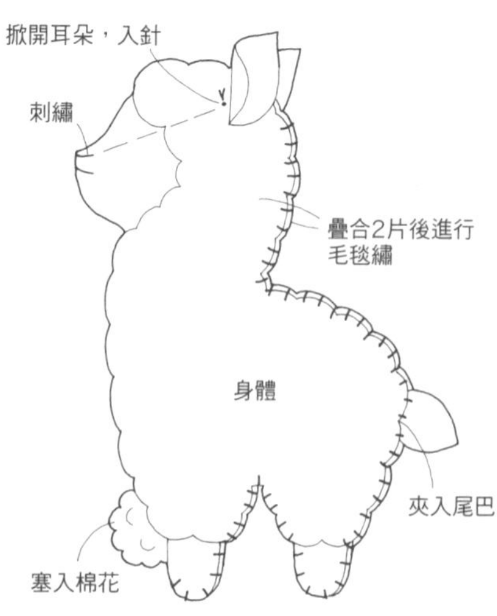

原寸紙型

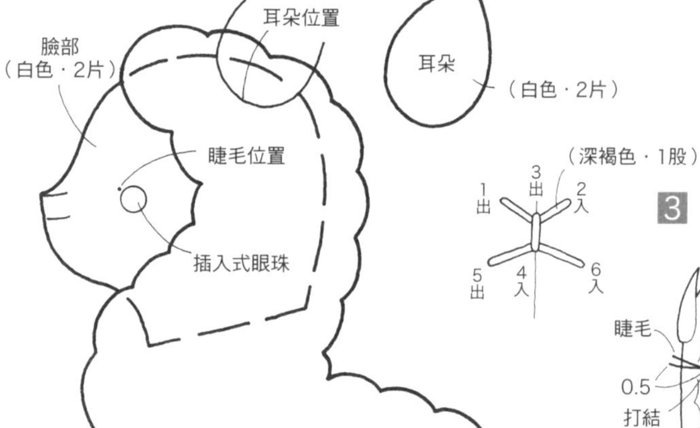

（深褐色・1股）
1出 3出 2入
5出 4入 6入

3 組裝眼睛，縫上睫毛。

繡線
（黑色・2股）
睫毛
0.5
打結
打結
穿線作出
眼窩
以錐子開孔
插入塗好接著劑
的眼珠

完成圖

P.4 7・8 蘑菇

7材料
不織布
（白色）5×4cm
（綠色）2×5cm
25號繡線（白色・黃色）
寬0.7cm的蕾絲4cm
手工藝用棉花　適量

8材料
不織布
（白色）5×5cm
（綠色）4×3cm
25號繡線（白色・紅色）
寬0.8cm的蕾絲 4cm
手工藝用棉花　適量

完成圖

1 縫合蘑菇傘帽&傘柄。

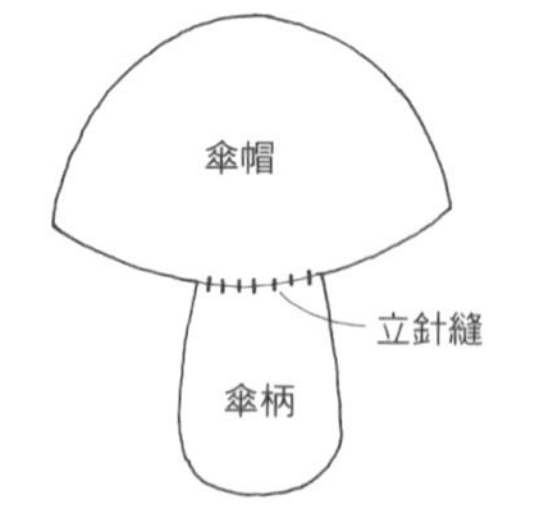

2 疊合2片後縫合，塞入棉花。

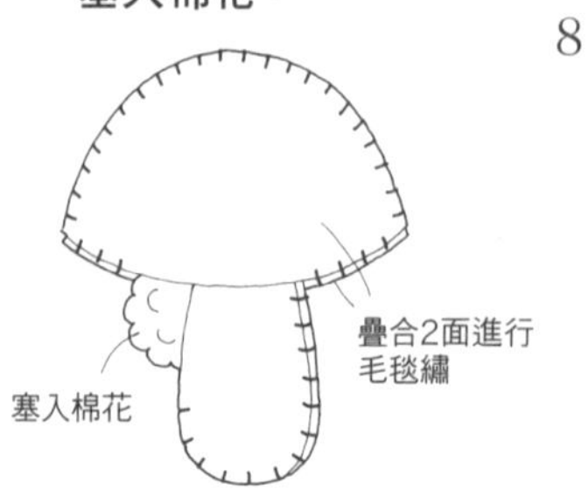

3 黏貼小草&圓點花紋。

8

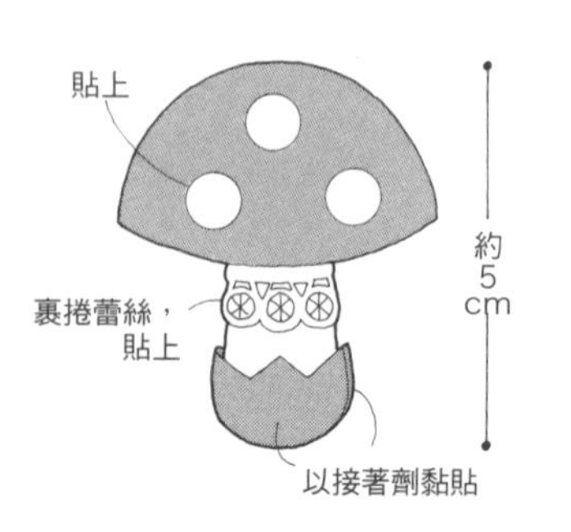

7

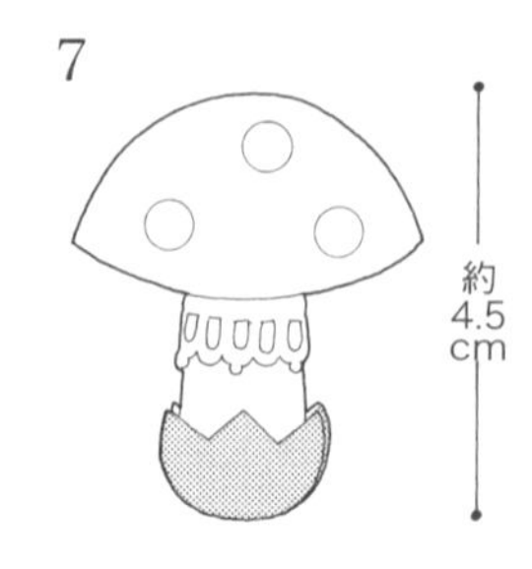

P.5　11　草泥馬

材料
不織布（褐色）12×10cm
（淺褐色）5×7cm
插入式眼珠（直徑3.5mm・黑色）2個
25號繡線（褐色・淺褐色・黑色）
寬0.5cm的蕾絲12cm
手工藝用棉花 適量

※組裝插入式眼珠的方法見P.35
※嘴形的繡法見P.36

1 嘴形進行刺繡，縫合固定於臉部。

2 臉部&腳固定於身體前片，尾巴&腳固定於身體後片。

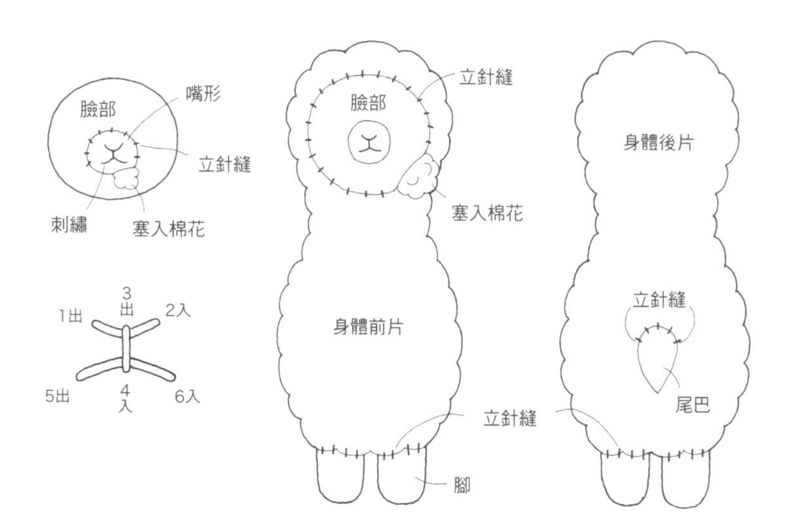

3 縫上睫毛，縫製眼窩，組裝眼睛。

眼睛位置
繡線（黑色・2股）
0.5
剪斷
打結
打結收尾
以錐子開孔
插入塗好接著劑的眼珠

4 疊合身體前後片，塞入棉花，縫上耳朵&駝毛。

摺疊耳朵
藏針縫
駝毛
平鋪黏貼
0.5
縫合固定蝴蝶結緞帶
疊合前後片後進行毛毯繡
塞入棉花

完成圖

約11.5cm

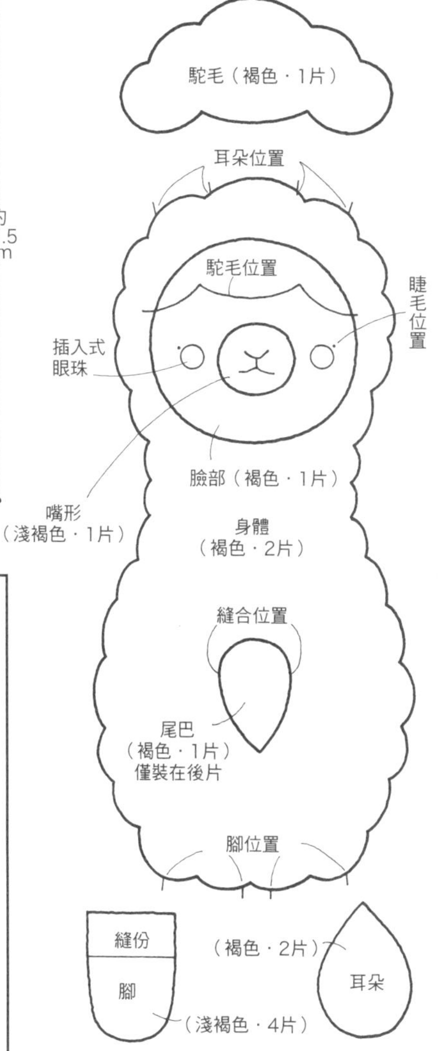

P.4　7・8

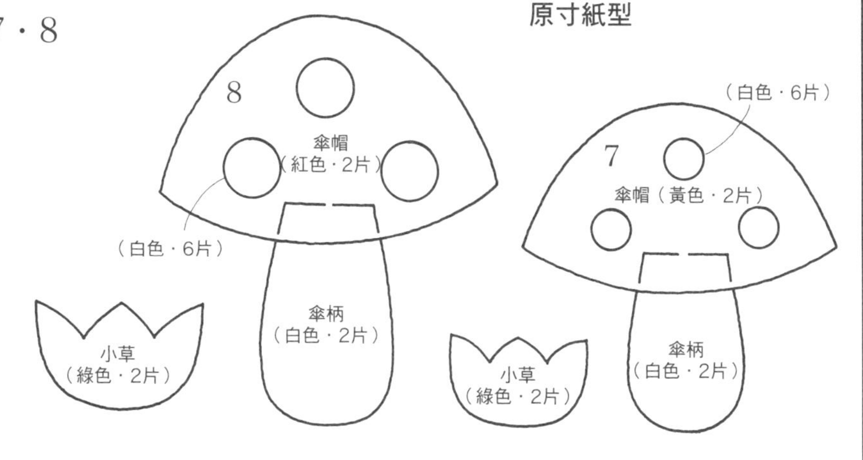

P.6　16至20　P.7　21至25

原寸紙型

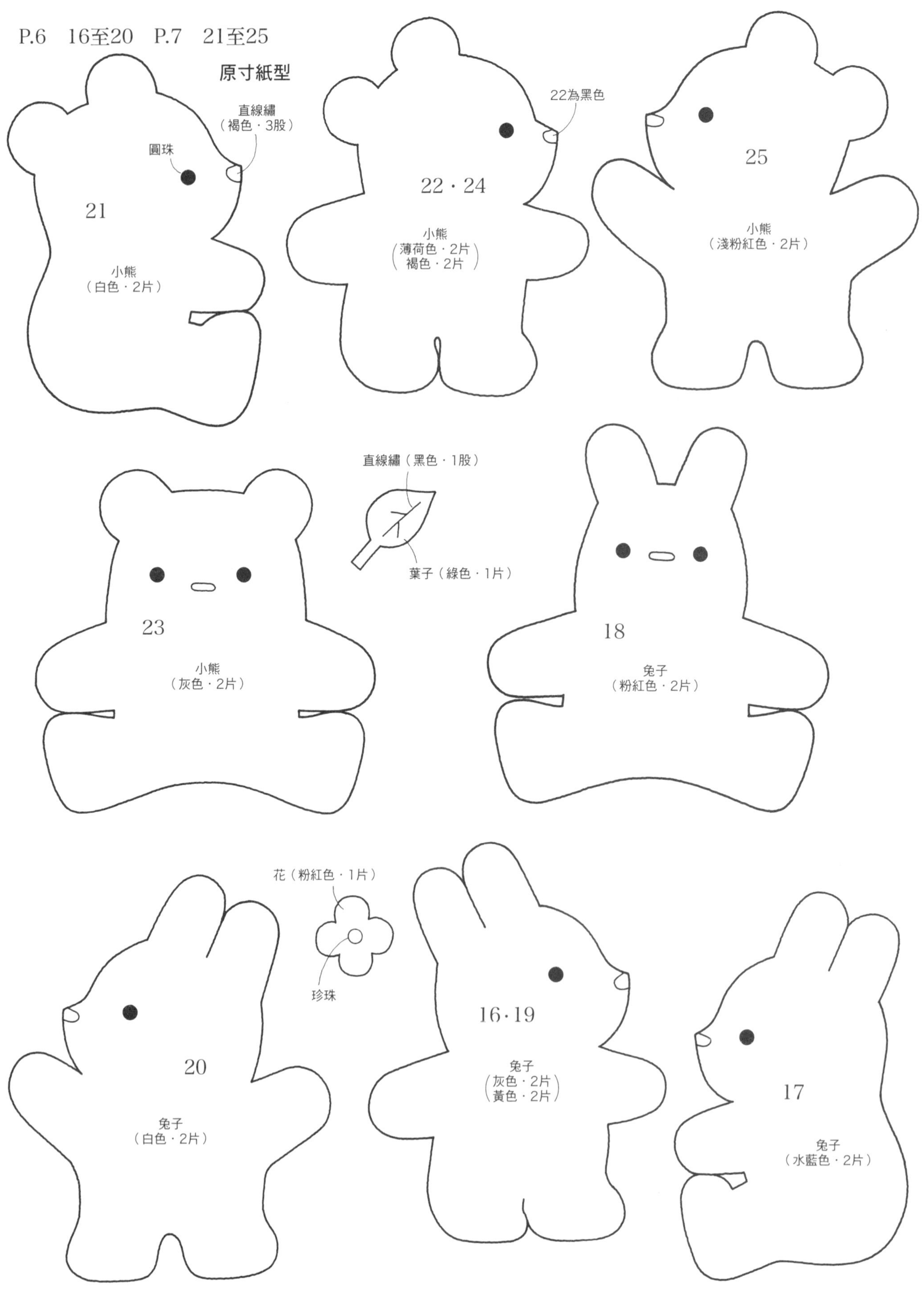

P.6　16至20　兔子
P.7　21至25　小熊

材料
不織布
（各色）15×13cm
圓珠（直徑4mm・黑色）2個
25號繡線
（與不織布同色・深褐色・黑色）
直徑0.3cm的珍珠1個（僅20）
不織布（粉紅色）2×2cm（僅20）
不織布（綠色）2×3cm（僅23）
手工藝用棉花　適量

1 縫合身體，塞入棉花。
縫上眼睛。

疊合2片進行捲針縫
縫上圓珠
塞入棉花

2 刺繡鼻子。葉子・花朵分別縫合
固定在23・20上。

繡線要縫至對面側
鼻子的繡法

完成圖

縫上葉子
全部約7cm

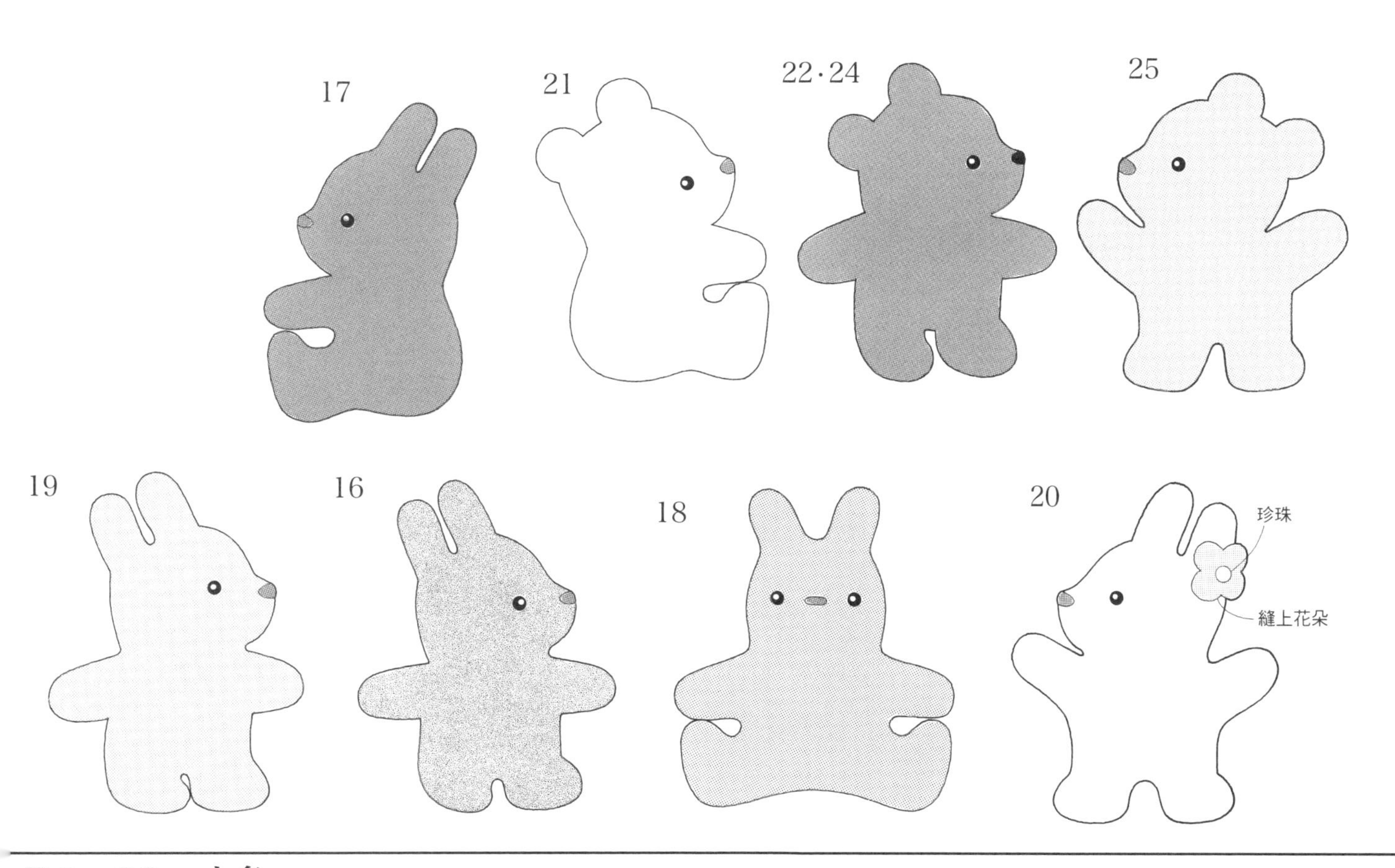

P.8　28　小象

材料
不織布
（水藍色）15×10cm
大圓珠（黑色）2個
25號繡線（水藍色・黑色）
手工藝用棉花　適量

※原寸紙型見 P.46

1 疊合頭部後縫合，
塞入棉花。
縫上眼睛。

2 疊合身體縫合，
塞入棉花。

3 頭部縫合固定於身體。

塞入棉花
頭
耳朵
尾巴
身體
縫上大圓珠
夾入後縫合
疊合2片後進行捲針縫

完成圖

約5.5cm
從裡側縫合固定

P.8　26　草泥馬

※原寸紙型見 P.46

材料
不織布
（褐色）10×10cm
（淺褐色）6×3cm
眼珠鈕釦（直徑3.5mm・黑色）2個
25號繡線（黑色・褐色・淺褐色）
手工藝用棉花　適量

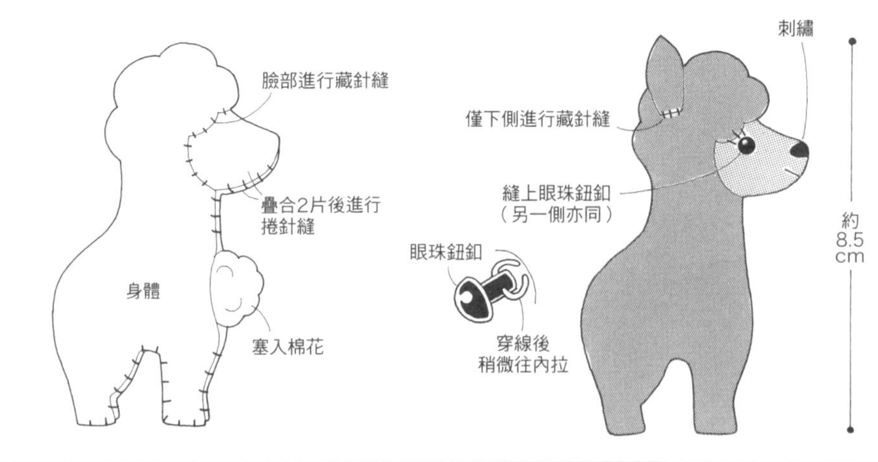

縫製臉部＆身體。
疊合2片後縫合，塞入棉花。
縫上耳朵，進行刺繡。
組裝眼睛。

P.9　32　斑馬

※原寸紙型見 P.46

材料
不織布（白色）15×10cm
眼珠鈕釦（直徑3.5mm・黑色）2個
25號繡線（白色・黑色）
色鉛筆（灰色）
手工藝用棉花　適量

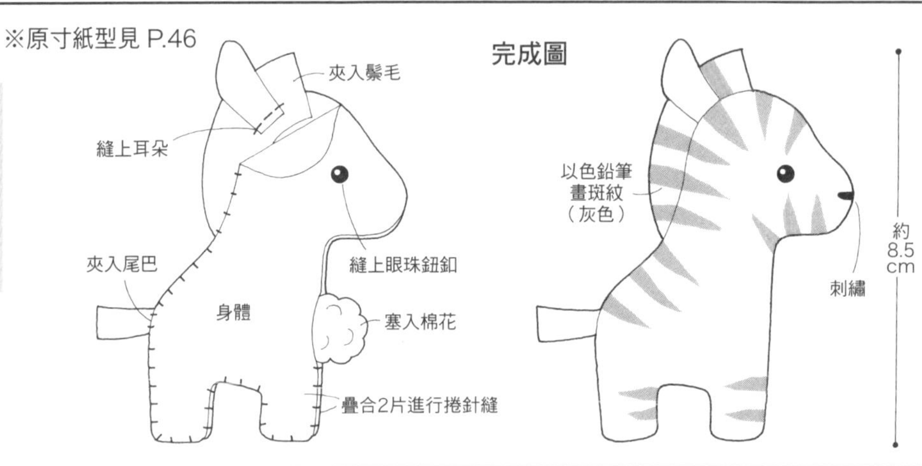

夾入耳朵・鬃毛・尾巴後縫合身體，
塞入棉花。
組裝眼睛，畫上斑紋。

P.9　33　長頸鹿

※原寸紙型見 P.46

材料
不織布
（淺黃色）15×10cm
（米白色）2×2cm
眼珠鈕釦（直徑3.5mm・黑色）2個
25號繡線（白色・黑色）
色鉛筆（褐色）
手工藝用棉花 適量

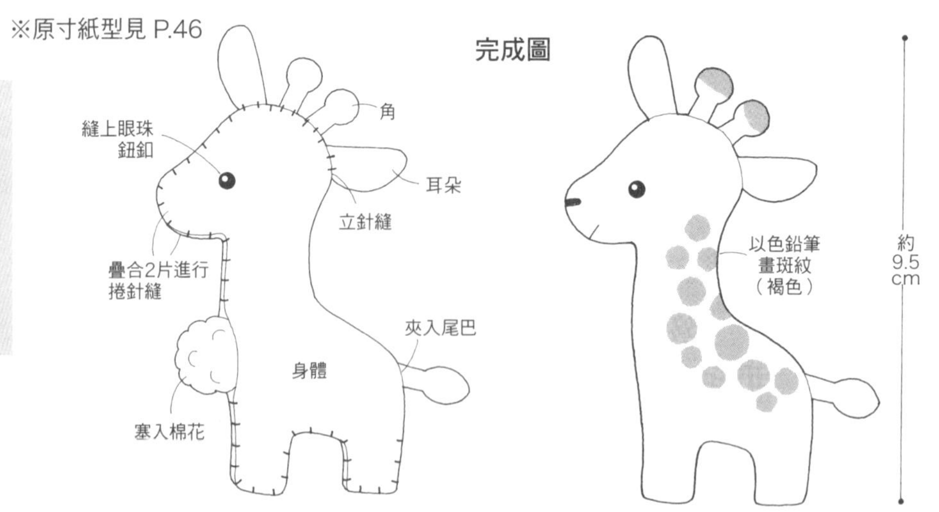

夾入耳朵・角・尾巴後縫合身體，
塞入棉花。
組裝眼睛，畫上斑紋。

P.9　30　犀牛

※原寸紙型見 P.46

材料
不織布（灰色）15×7cm
（白色）2×2cm
眼珠鈕釦（直徑3.5mm・黑色）2個
25號繡線（灰色・黑色）
色鉛筆（褐色）手工藝用棉花　適量

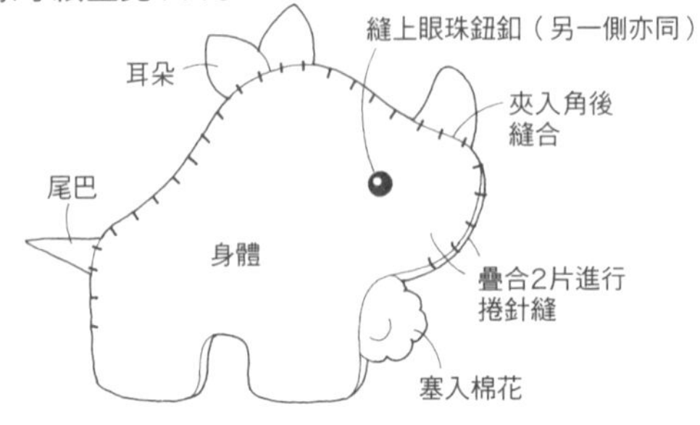

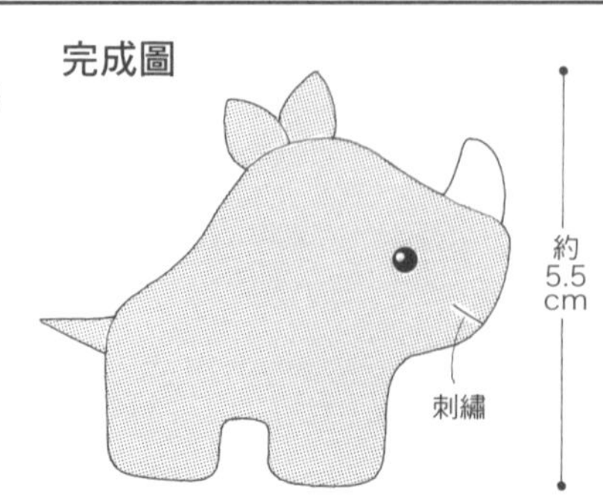

夾入耳朵・角・尾巴後縫合身體，
塞入棉花。組裝眼睛。

P.8　27　猴子

材料
不織布
（淺褐色）10×10cm
（淺橘色）6×4cm
眼珠鈕釦（直徑3.5mm・黑色）2個
25號繡線（淺褐色・淺橘色黑色）
手工藝用棉花　適量

※原寸紙型見 P.46

1 縫合頭部&臉部。與另一片頭部疊合後縫合，塞入棉花。組裝眼睛。

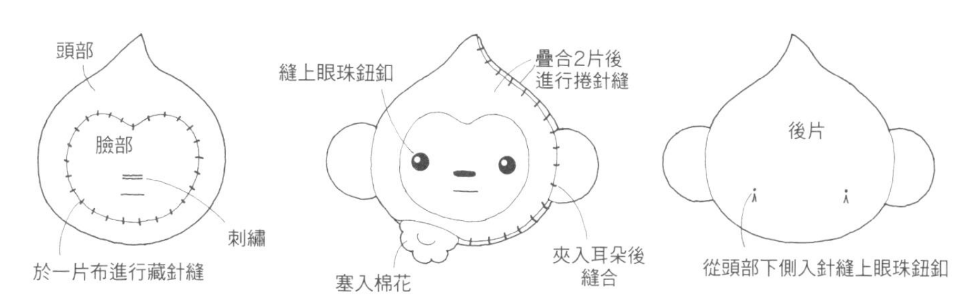

2 縫合身體A，塞入棉花。
縫合身體B，疊放在A上縫合。

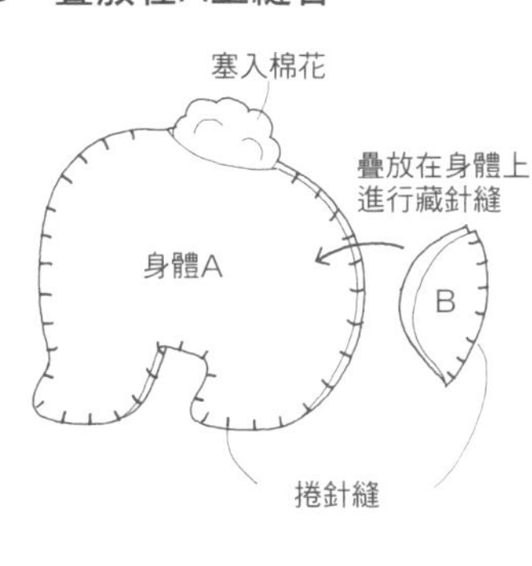

3 頭部縫合固定在身體上。

縫合固定
頭部與身體

完成圖

P.8　29　獅子

材料
不織布
（土黃色）20×5cm
（米白色）2×2cm
（深褐色）2×1cm
眼珠鈕釦
（直徑3.5mm・黑色）2個
25號繡線
（土黃色・黑色）
手工藝用棉花　適量

※原寸紙型見 P.46

1 夾入鬃毛後縫製頭部，
塞入棉花。縫上眼睛。

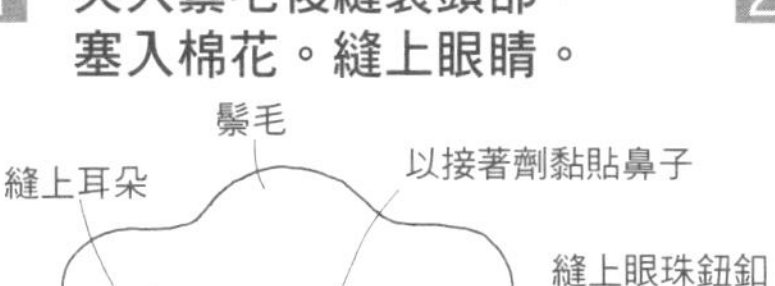

2 疊合身體後縫合。
塞入棉花。

3 頭部縫合固定於身體。

完成圖

P.9　31　小熊貓

材料
不織布
（紅褐色）10×10cm
（土黃色）5×6cm
（白色）4×2cm
眼珠鈕釦
（直徑3.5mm・黑色）2個
25號繡線
（紅褐色・土黃色・黑色）
手工藝用棉花　適量

※原寸紙型見 P.46

1 縫製頭部，塞入棉花。
縫上眼睛&嘴形。

2 疊合身體後縫合，
塞入棉花。

3 頭部縫合固定於身體。

完成圖

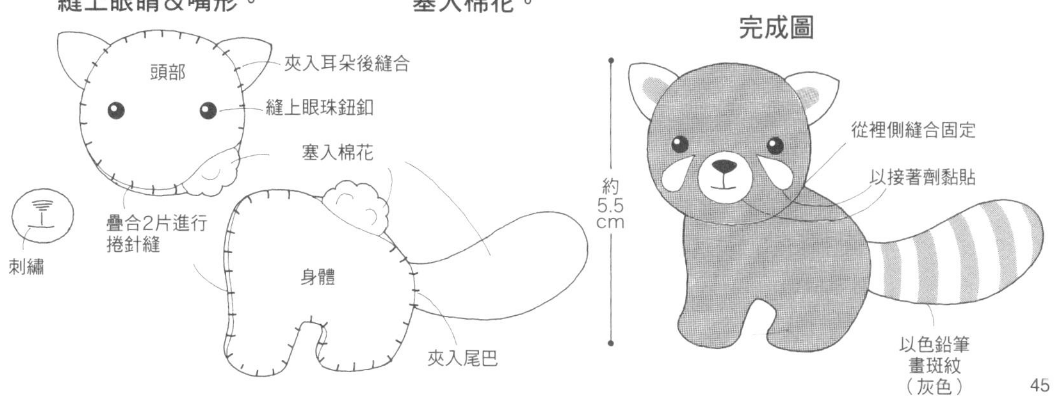

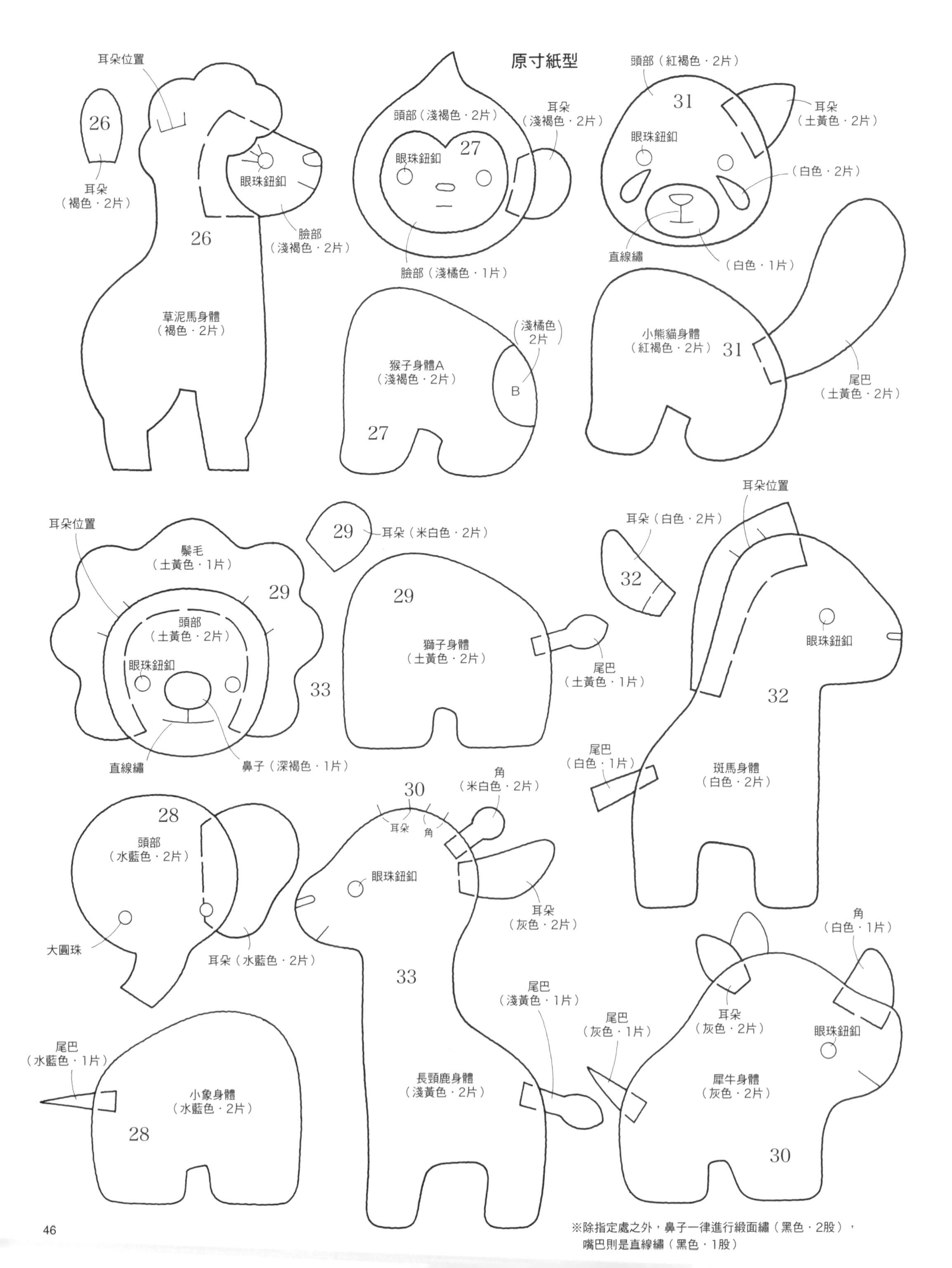
原寸紙型
耳朵位置
26
耳朵
（褐色・2片）
眼珠鈕釦
26
臉部
（淺褐色・2片）
草泥馬身體
（褐色・2片）
頭部（淺褐色・2片）
27
眼珠鈕釦
耳朵
淺褐色・2片）
臉部（淺橘色・1片）
猴子身體A
（淺褐色・2片）
淺橘色
2片
B
27
頭部（紅褐色・2片）
31
耳朵
（土黃色・2片）
眼珠鈕釦
（白色・2片）
直線繡
（白色・1片）
小熊貓身體
（紅褐色・2片）
31
尾巴
（土黃色・2片）
耳朵位置
鬃毛
（土黃色・1片）
29
頭部
（土黃色・2片）
眼珠鈕釦
33
直線繡
鼻子（深褐色・1片）
29
耳朵（米白色・2片）
29
獅子身體
（土黃色・2片）
尾巴
（土黃色・1片）
耳朵位置
耳朵（白色・2片）
32
眼珠鈕釦
32
尾巴
（白色・1片）
斑馬身體
（白色・2片）
28
頭部
（水藍色・2片）
大圓珠
耳朵（水藍色・2片）
30
耳朵
角
角
（米白色・2片）
眼珠鈕釦
耳朵
（灰色・2片）
33
尾巴
（淺黃色・1片）
長頸鹿身體
（淺黃色・2片）
尾巴
（水藍色・1片）
小象身體
（水藍色・2片）
28
角
（白色・1片）
耳朵
灰色・2片）
眼珠鈕釦
尾巴
（灰色・1片）
犀牛身體
（灰色・2片）
30
※除指定處之外，鼻子一律進行緞面繡（黑色・2股），
嘴巴則是直線繡（黑色・1股）

P.10　34・35　海豹

材料（1件份量）
不織布（34白色）14×6cm
　　　（35灰色）14×6cm
插入式眼珠（直徑3.5mm・黑色）2個
圓珠（直徑3mm・黑色）1個
25號繡線（34白色・灰色・黑色）
　　　　（35灰色・黑色）
手工藝用棉花　適量

※組裝插入式眼珠的方法見P.35
※嘴形的繡法見P.36
※34是以對稱方向製作

鬍鬚縫法

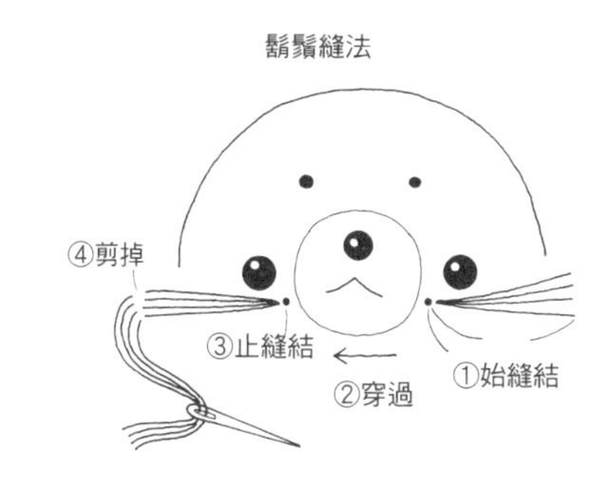

1 嘴形縫合於身體。

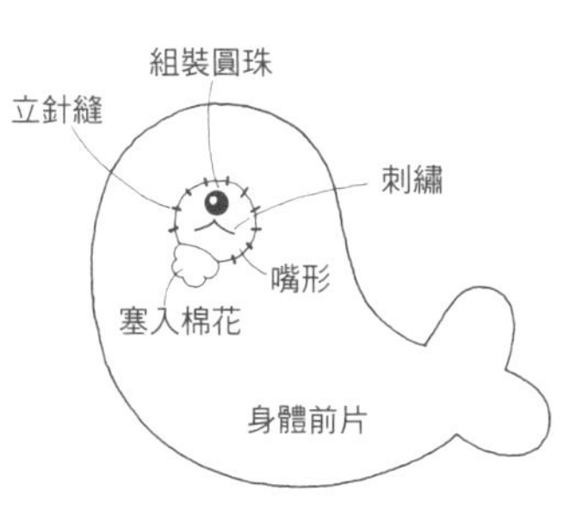

2 鰭足縫合於身體。

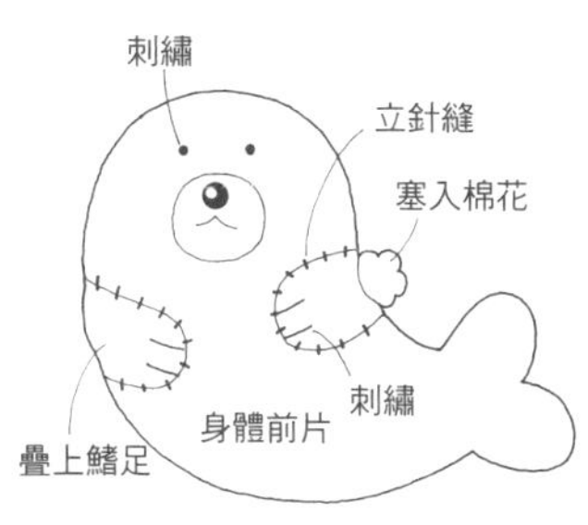

3 疊合身體前後片縫合，組裝眼睛。

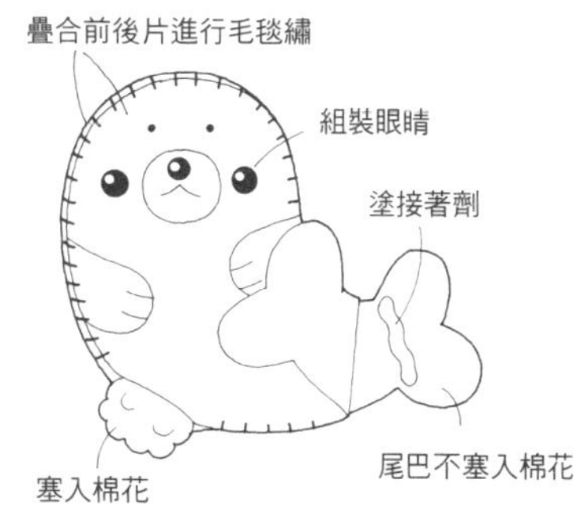

完成圖

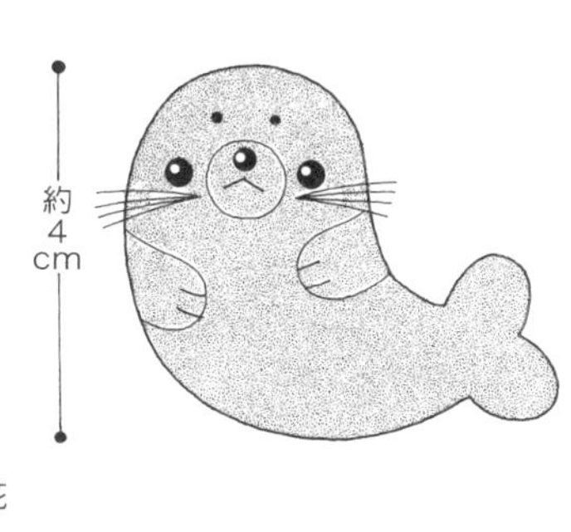

P.10　36　海豹

材料
不織布
（白色）14×9cm
（灰色）2×2cm
插入式眼珠
（直徑3.5mm・黑色）2個
圓珠（直徑3mm・黑色）1個
25號繡線
（白色・灰色・黑色）
手工藝用棉花　適量

※組裝插入式眼珠的方法見 P.35
※嘴形的繡法見 P.36

1 嘴形縫合於身體。

2 疊合身體前後片縫合，組裝眼睛。

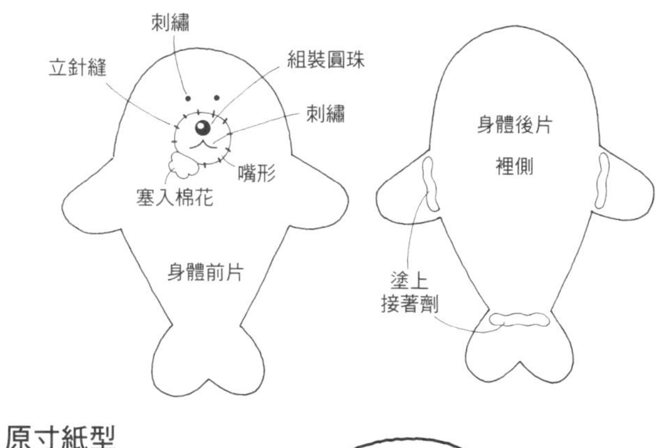

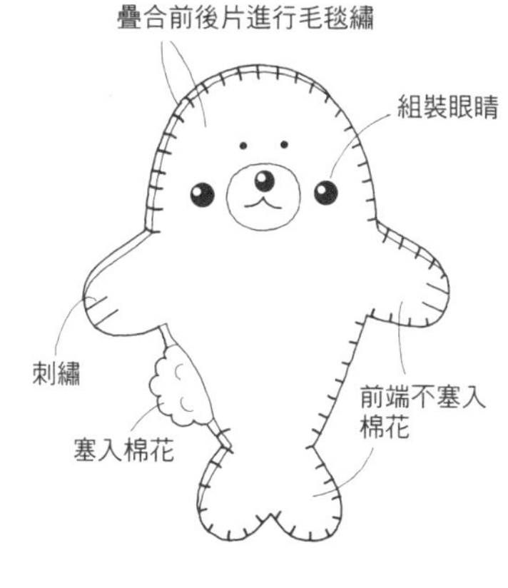

原寸紙型

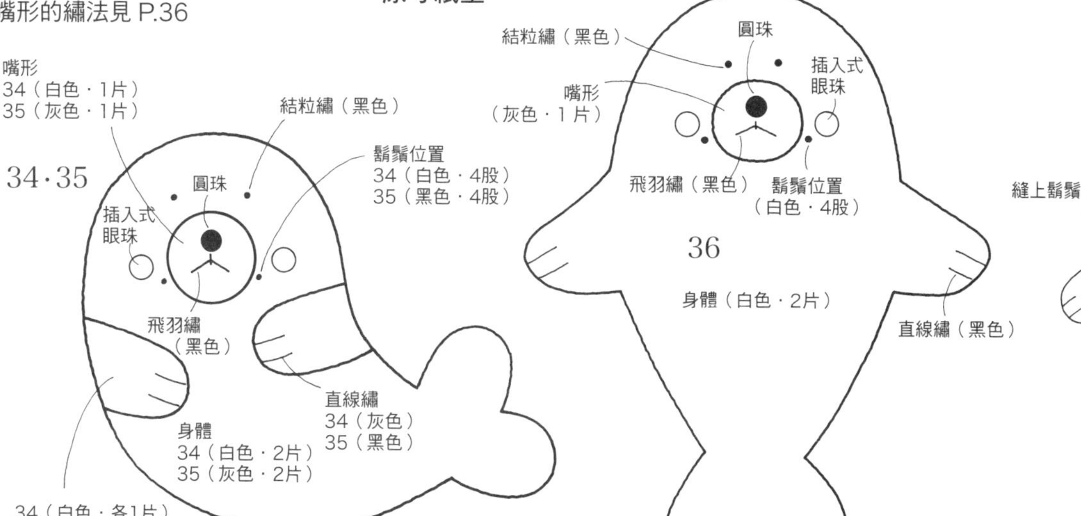

完成圖

縫上鬍鬚

約7cm

P.10　37　海獺

材料
不織布
（米白色）8×4cm
（褐色）16×6cm
（白色）4×3cm
插入式眼珠
（直徑3.5mm・黑色）2個
圓珠（直徑4mm・黑色）1個
25號繡線
（褐色・米白色・白色・黑色）
手工藝用棉花　適量

※組裝插入式眼珠的方法見 P.35
※嘴形的繡法見 P.36

1 嘴形固定於頭部，與身體前片縫合。縫合頭部&身體後片。

2 疊合身體前後片縫合，塞入棉花。

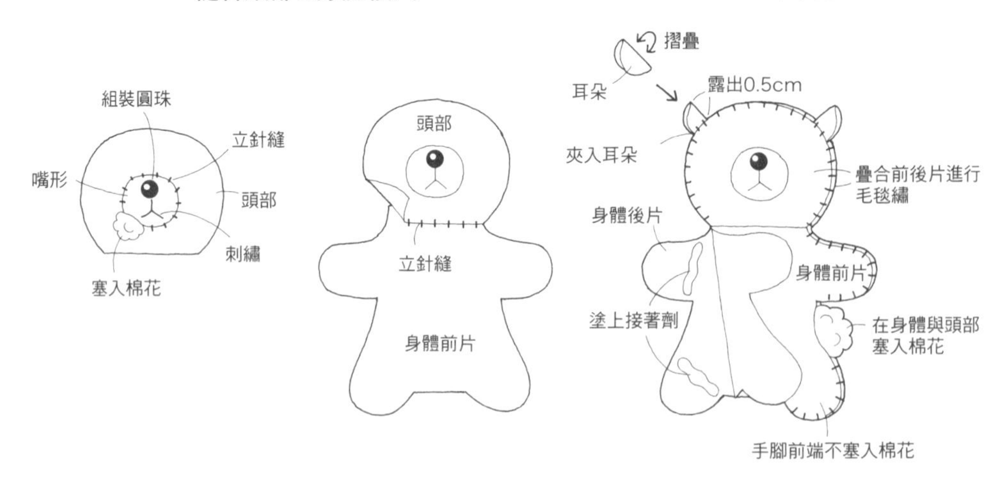

3 縫製尾巴・貝殼。尾巴縫合固定於身體。

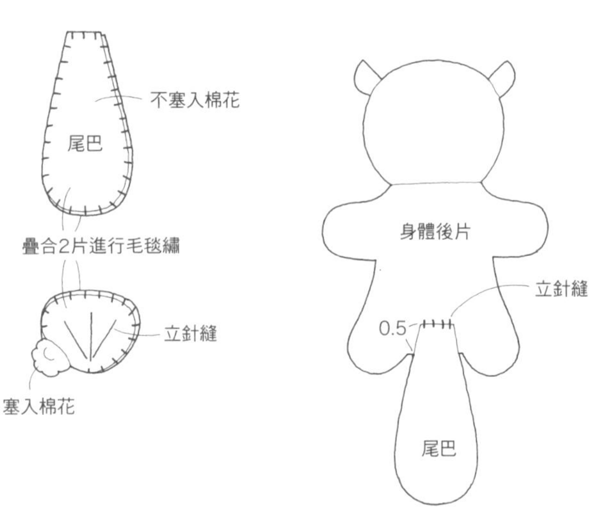

4 將貝殼與手縫合。腳往上摺疊後縫合。

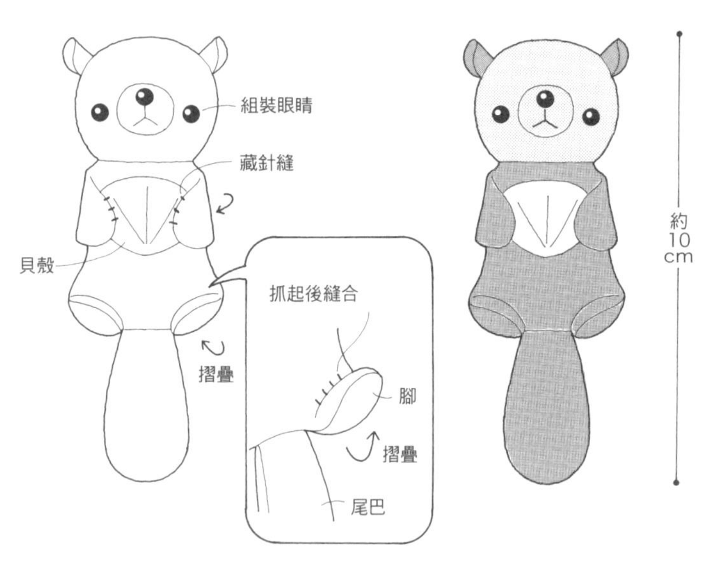

原寸紙型

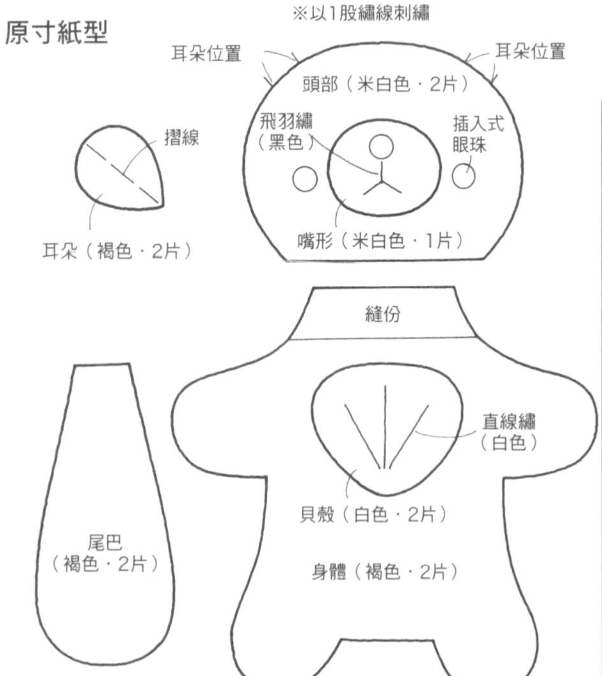

原寸紙型

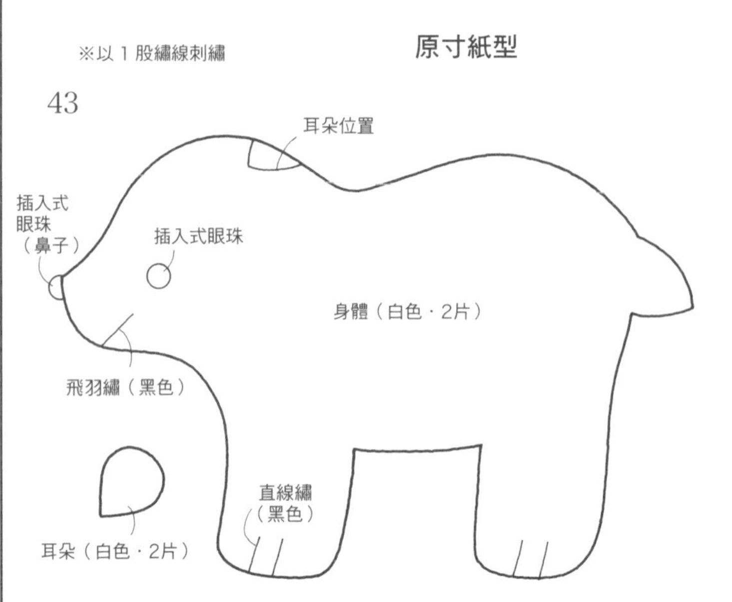

P.11　42　北極熊

材料
不織布
（白色）16×11cm
（黑色）2×2cm
插入式眼珠（直徑4mm・黑色）2個
圓珠（直徑3mm・黑色）1個
25號繡線（白色・黑色）
手工藝用棉花　適量

※組裝插入式眼珠的方法見 P.35
※嘴形的繡法見 P.36

1 嘴形&手掌縫固定於身體前片。

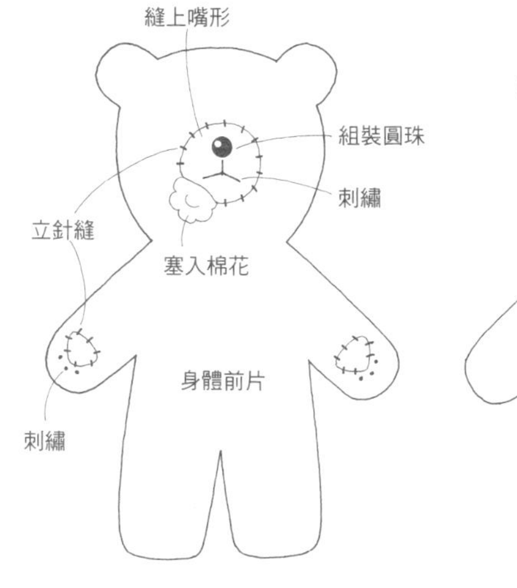

2 尾巴固定於身體後片。

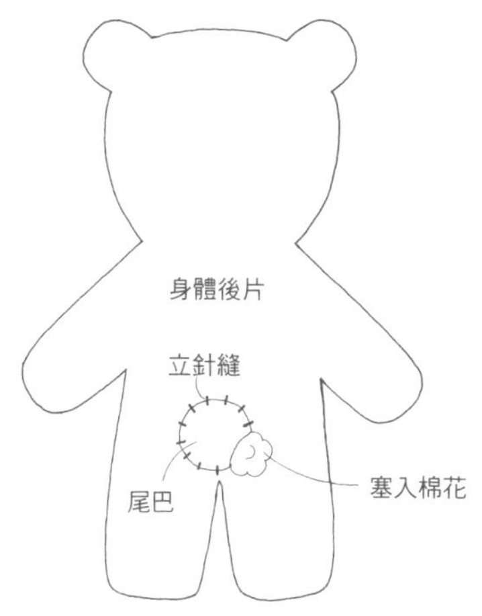

3 疊合身體前後片縫合，組裝眼睛。

原寸紙型

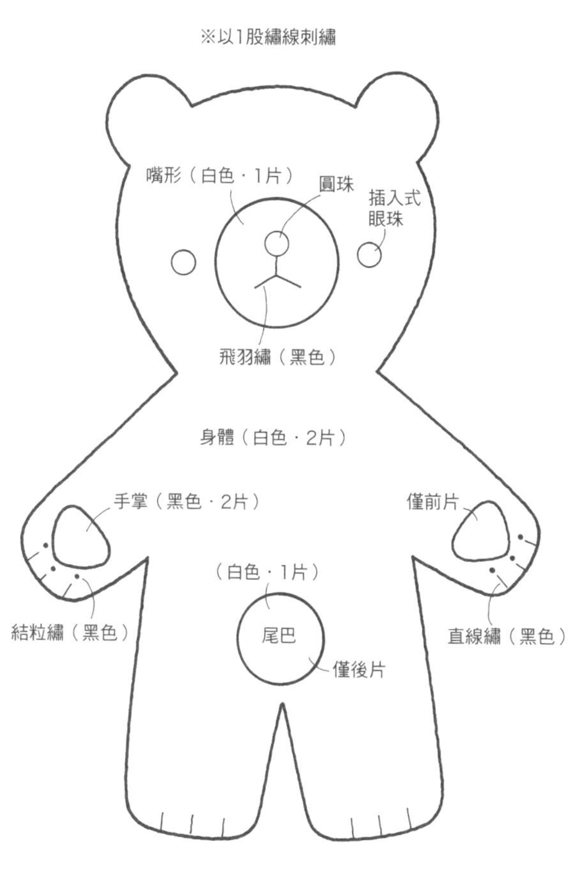

P.11　43　北極熊

材料
不織布
（白色）18×7cm
插入式眼珠
（直徑4mm・黑色）3個
25號繡線（白色・黑色）
手工藝用棉花 適量

※原寸紙型見 P.48
※組裝插入式眼珠的方法見 P.34
※嘴形的繡法見 P.38

疊合身體前後片縫合。組裝眼睛・鼻子・耳朵。

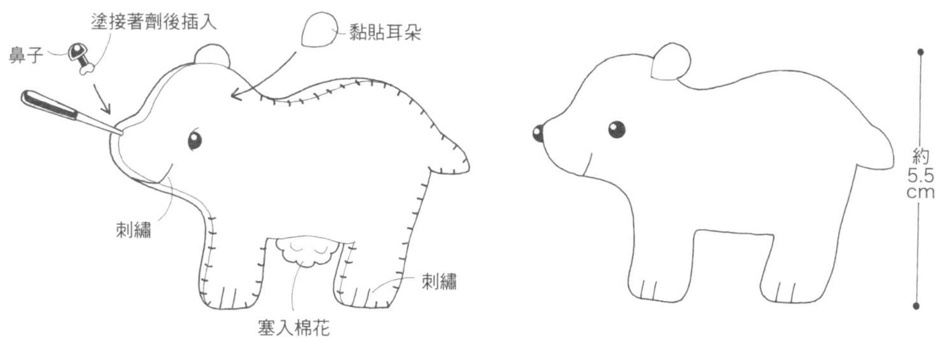

P.11　39　企鵝

材料
不織布
（水藍色）8×8cm
（白色）3×2cm
（黃色）2×3cm
插入式眼珠
（直徑3.5mm・黑色）2個
25號繡線（白色・水藍色・黑色）
手工藝用棉花　適量

※組裝插入式眼珠的方法見 P.35

1 身體前片組裝肚子&嘴巴。

2 縫合身體前後片，塞入棉花。組裝眼睛。

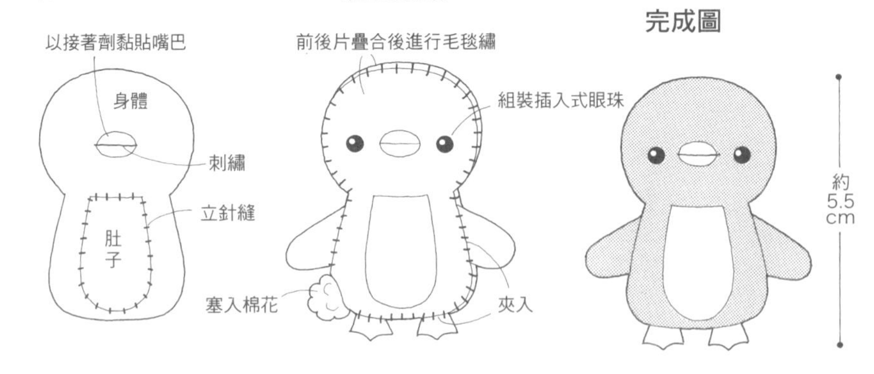

P.11　38　企鵝

材料
不織布
（水藍色）7×4cm
（白色）4×6cm
（黃色）2×3cm
插入式眼珠
（直徑4mm・黑色）2個
25號繡線（水藍色・白色）
手工藝用棉花　適量

※組裝插入式眼珠的方法見 P.35

1 縫合身體&肚子。

2 縫合身體前後片，塞入棉花。

3 裝上嘴巴・眼睛・腳。

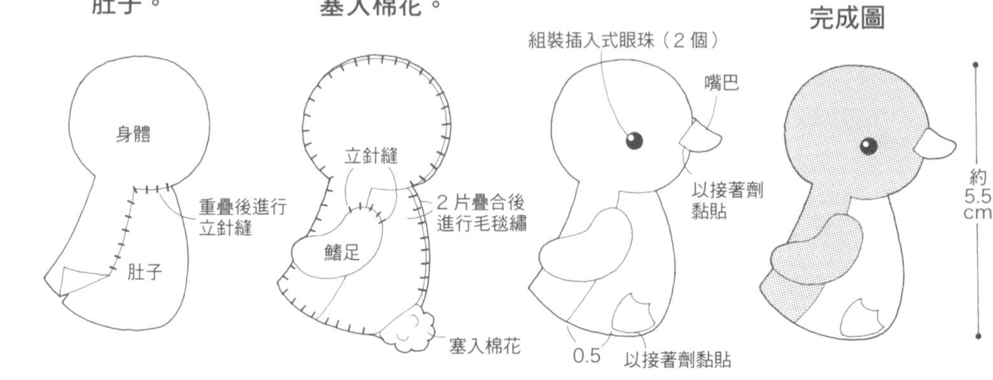

P.11　40　小企鵝

材料
不織布
（白色）4×4cm
（灰色）6×5cm
（黑色）6×8cm
插入式眼珠
（直徑3.5mm・黑色）2個
25號繡線（黑色・灰色・白色）
手工藝用棉花　適量

※組裝插入式眼珠的方法見 P.35

1 縫合頭部&身體。將頭&嘴巴縫在前片上。

2 縫合身體前後片，塞入棉花。裝上眼睛&腳。

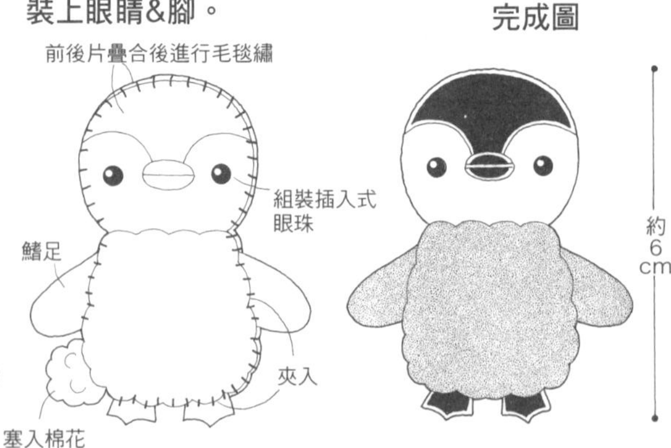

P.11　41　小企鵝

材料
不織布
（白色）4×7cm
（灰色）6×8cm
（黑色）7×4cm
插入式眼珠
（直徑4mm・黑色）2個
25號繡線（黑色・灰色

※組裝插入式眼珠的方法見 P.35

1 縫製頭部&臉，固定於身體。

2 縫合身體前後片，塞入棉花。裝上眼睛・嘴巴・腳。

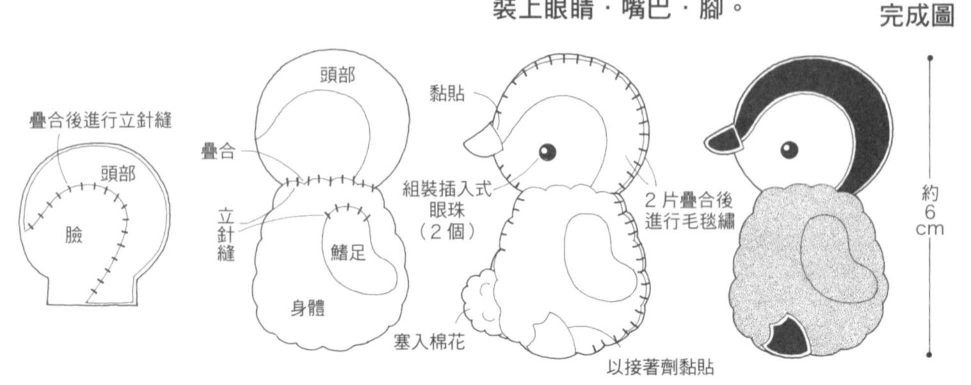

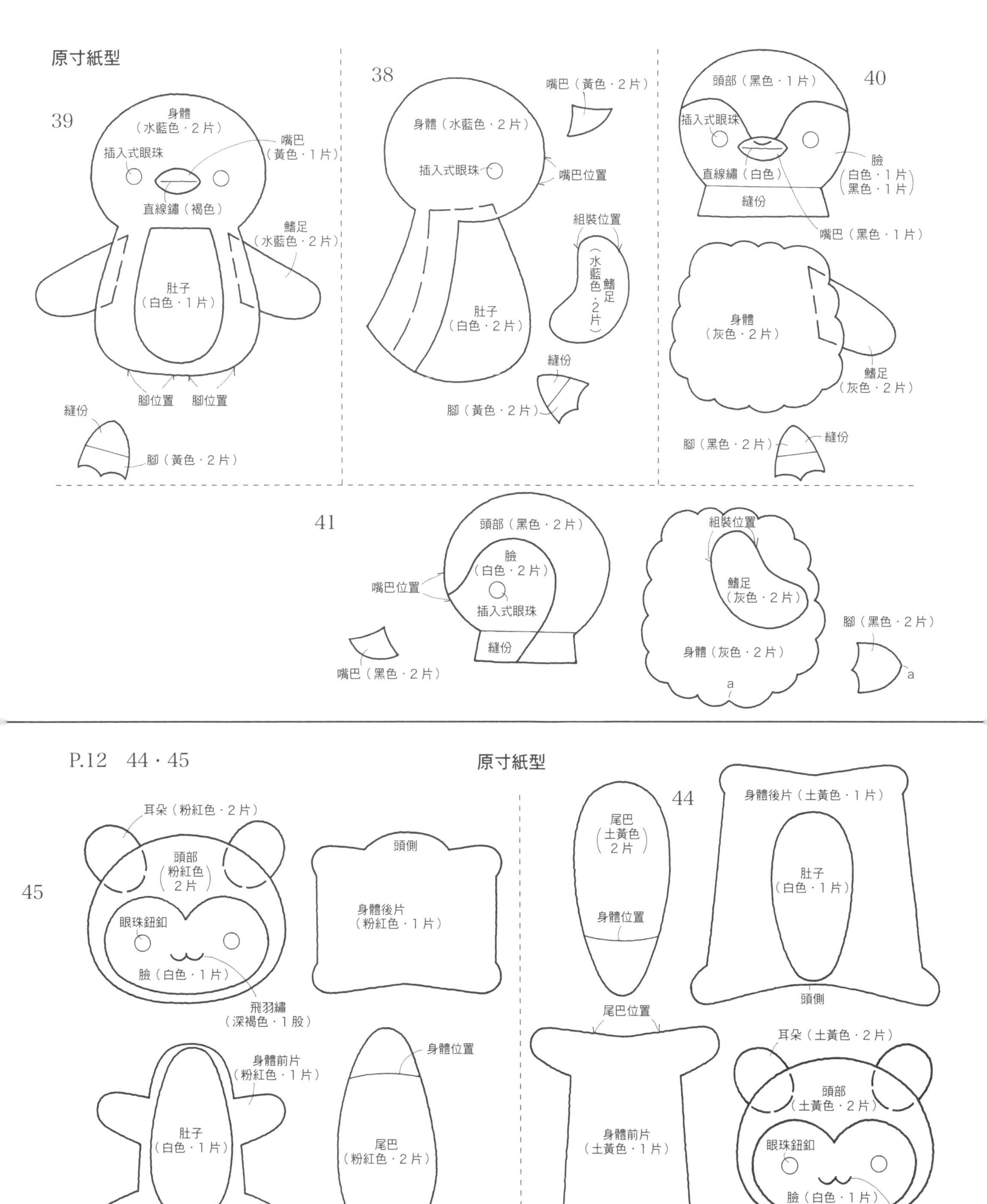

原寸紙型
39
身體（水藍色・2片）
插入式眼珠
嘴巴（黃色・1片）
直線繡（褐色）
鰭足（水藍色・2片）
肚子（白色・1片）
腳位置
腳位置
縫份
腳（黃色・2片）
38
身體（水藍色・2片）
插入式眼珠
嘴巴（黃色・2片）
嘴巴位置
組裝位置
鰭足（水藍色・2片）
肚子（白色・2片）
縫份
腳（黃色・2片）
40
頭部（黑色・1片）
插入式眼珠
直線繡（白色）
臉（白色・1片）（黑色・1片）
縫份
嘴巴（黑色・1片）
身體（灰色・2片）
鰭足（灰色・2片）
腳（黑色・2片）
縫份
41
頭部（黑色・2片）
臉（白色・2片）
嘴巴位置
插入式眼珠
縫份
嘴巴（黑色・2片）
組裝位置
鰭足（灰色・2片）
身體（灰色・2片）
a
腳（黑色・2片）
a
P.12　44・45
原寸紙型
45
耳朵（粉紅色・2片）
頭部（粉紅色 2片）
眼珠鈕釦
臉（白色・1片）
飛羽繡（深褐色・1股）
頭側
身體後片（粉紅色・1片）
身體前片（粉紅色・1片）
肚子（白色・1片）
尾巴位置
身體位置
尾巴（粉紅色・2片）
44
尾巴（土黃色 2片）
身體位置
身體後片（土黃色・1片）
肚子（白色・1片）
頭側
尾巴位置
身體前片（土黃色・1片）
頭側
耳朵（土黃色・2片）
頭部（土黃色・2片）
眼珠鈕釦
臉（白色・1片）
飛羽繡（深褐色・1股）

P.12　44・45　飛鼠

45材料
不織布
（粉紅色）15×12cm
（白色）10×6cm
眼珠鈕釦（直徑4mm・黑色）2個
25號繡線
（粉紅色・白色・深褐色）
手工藝用棉花　適量

44材料
不織布
（土黃色）15×12cm
（白色）10×6cm
眼珠鈕釦（直徑4mm・黑色）2個
25號繡線
（土黃色・白色・深褐色）
手工藝用棉花　適量

※原寸紙型見 P.51

45

1 縫製臉部&頭部。疊合前後片縫合，塞入棉花。

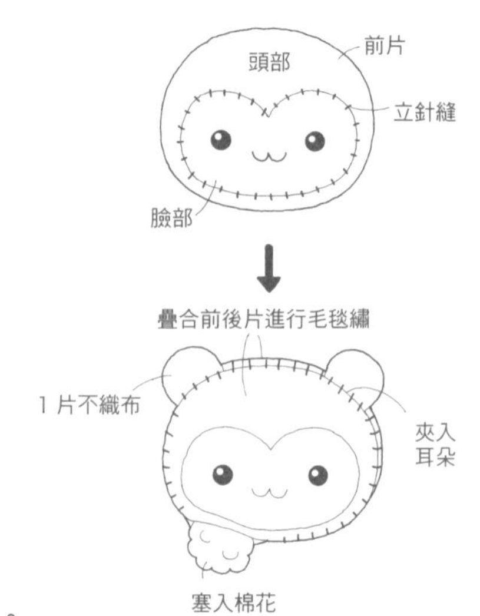

2 肚子固定於身體前片。縫製尾巴。

3 疊合身體前後片縫合，塞入棉花。

4 頭部固定於身體。

完成圖

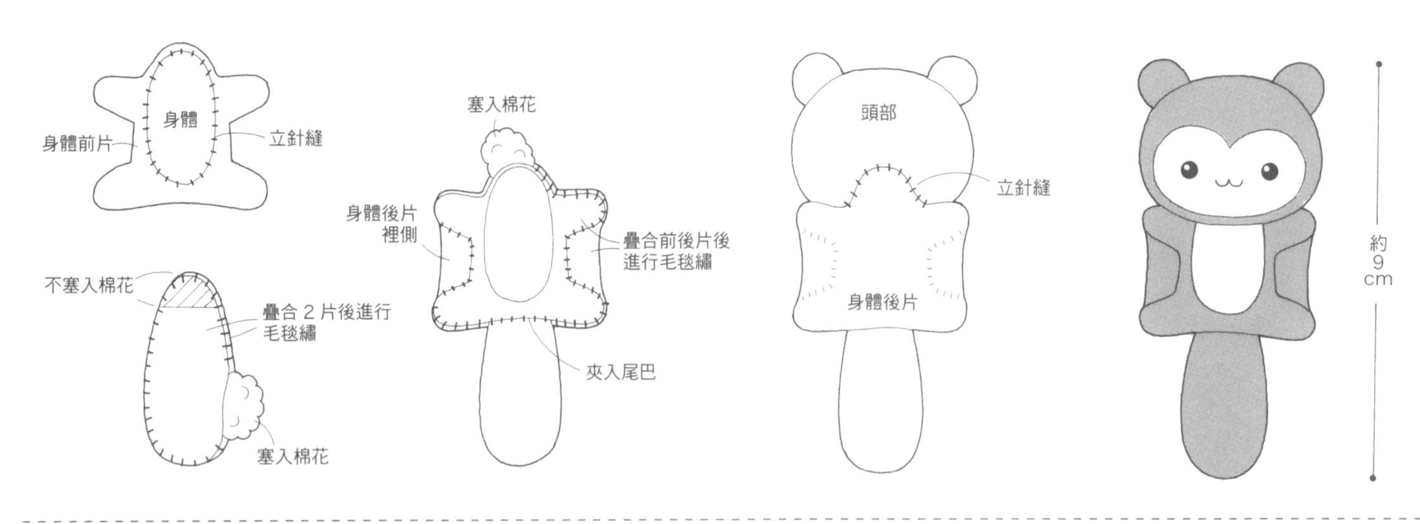

44

1 肚子縫合於身體前片。

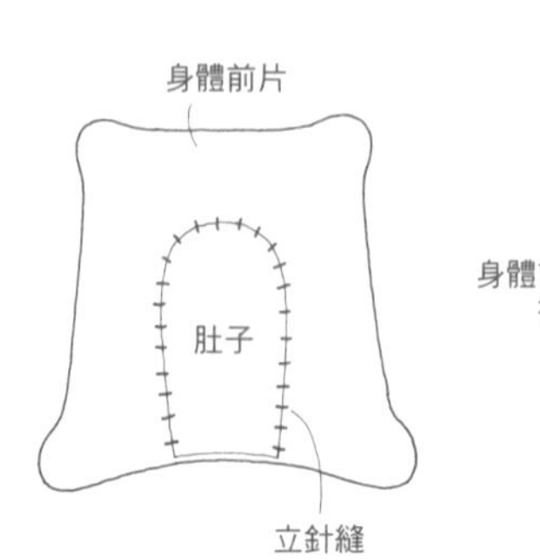

2 縫合身體前後片，塞入棉花。

塞入棉花
身體前片裡側
身體後片
疊合前後片進行毛毯繡

3 尾巴&頭部的作法同45，縫製後固定。

完成圖

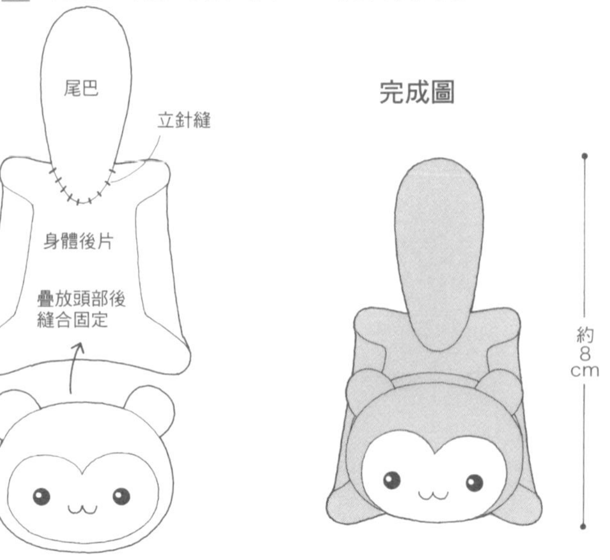

P.14　53・54　松鼠

53材料
不織布（褐色）10×10cm
（奶油色）5×5cm
（水藍色）8×2cm
（土黃色）10×4cm
（米白色）5×4cm
插入式眼珠（直徑4mm・褐色）1個
25號繡線（褐色・奶油色・土黃色・米白色）
手工藝用棉花　適量

54材料
不織布（褐色）10×10cm
（奶油色）5×5cm
（綠色）8×2cm
（紅色）4×2cm
插入式眼珠（直徑4mm・褐色）1個
25號繡線（褐色・奶油色・土黃色・米白色）
手工藝用棉花　適量

※插入式眼珠以錐子開孔後，釘腳塗接著劑後黏牢。

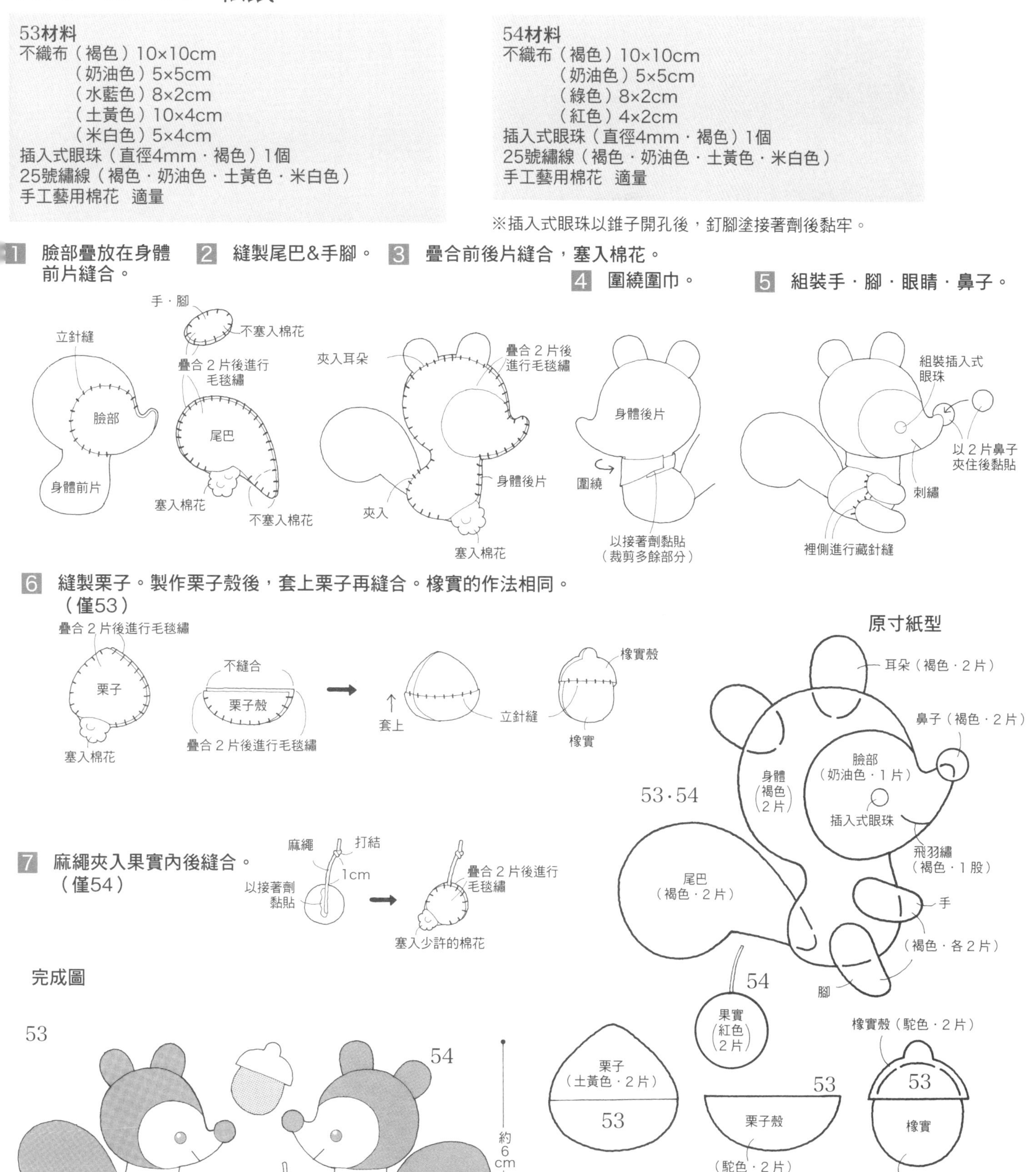

P.12　46至48　刺蝟

47材料
不織布
（粉紅色）12×10cm
（奶油色）8×7cm
（褐色）2×1cm
眼珠鈕釦（直徑4mm・黑色）1個
25號繡線
（粉紅色・奶油色・深褐色）
直徑1cm的鈕釦2個
手工藝用棉花　適量

48材料
不織布
（祖母綠色）12×10cm
（奶油色）8×7cm
（褐色）2×1cm
眼珠鈕釦（直徑4mm・黑色）1個
25號繡線
（祖母綠色・奶油色・深褐色）
手工藝用棉花　適量

46材料
不織布
（橘色）15×10cm
（奶油色）8×6cm
眼珠鈕釦（直徑4mm・黑色）2個
插入式眼珠
（直徑3.5mm・褐色）1個
25號繡線（奶油色・橘色・深褐色）
手工藝用棉花　適量

※眼珠鈕釦是從背面入針，作出眼窩後再組裝。

47・48

47 是以鈕釦作為雙腳。

1 臉部&耳朵疊放在身體上縫合。

2 疊合身體後縫合，塞入棉花。48要夾入雙腳。

3 組裝鼻子。

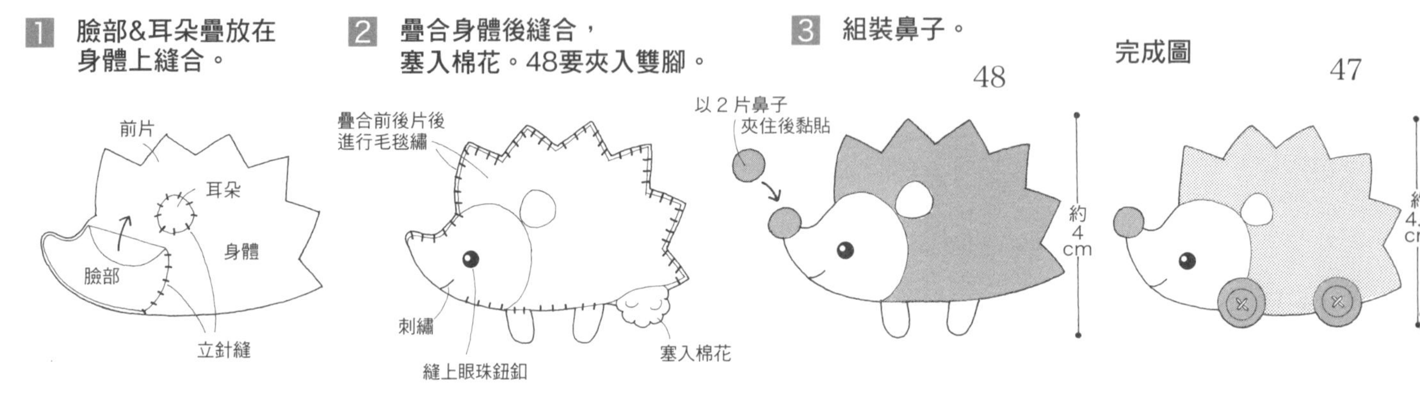

46

1 臉部&手腳固定於前片。

2 疊合身體前後片縫合，塞入棉花。

3 組裝眼睛&鼻子。

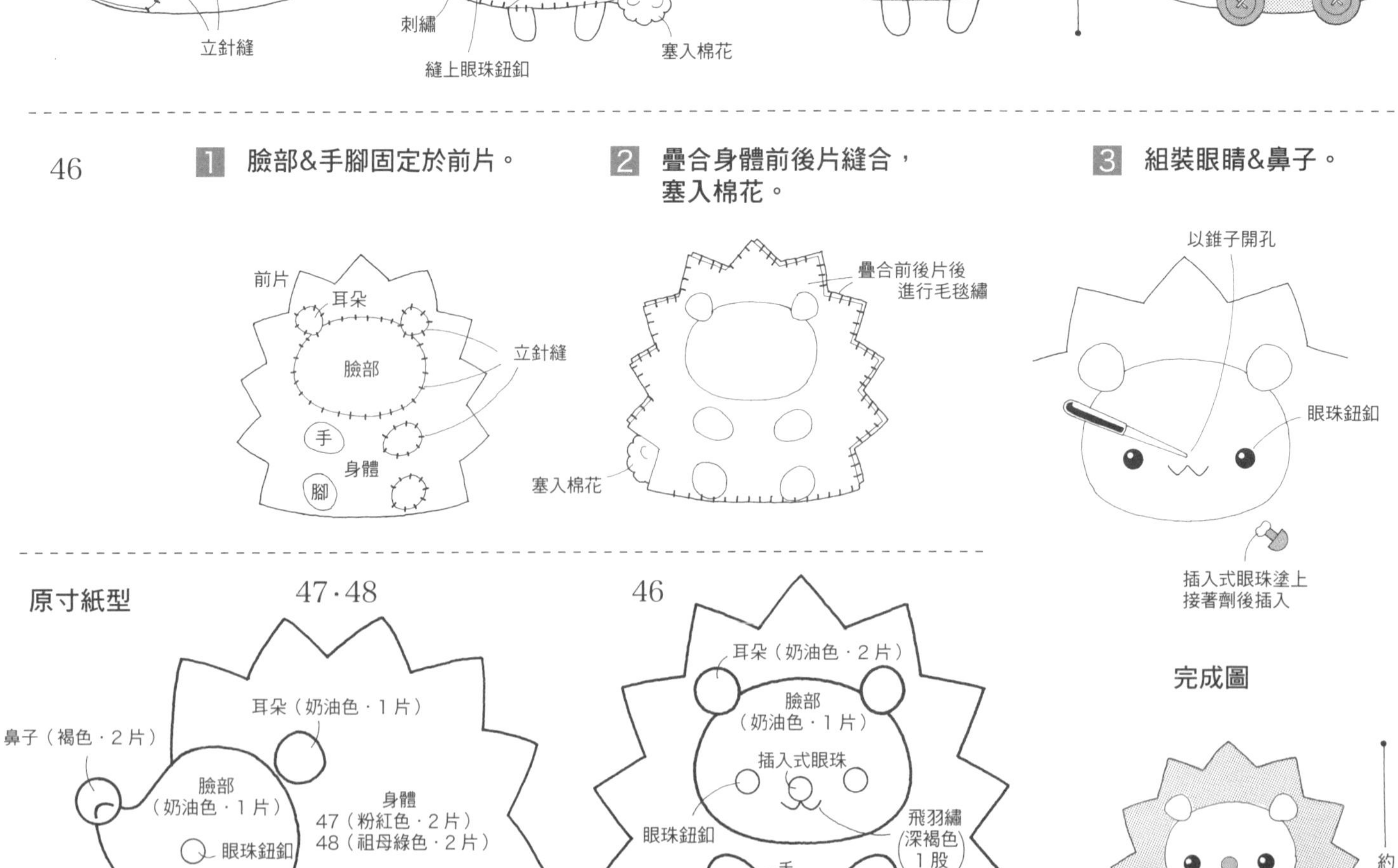

P.13　49至52　哈姆太郎

49材料
不織布（白色）15×12cm
（淺褐色）8×5cm
（粉紅色）8×2cm
（奶油色）5×4cm
眼珠鈕釦
（直徑4mm・黑色）2個
25號繡線
（淺褐色・白色・褐色・深褐色）
手工藝用棉花　適量

50材料
不織布（白色）15×12cm
（駝色）10×7cm
眼珠鈕釦（直徑4mm・黑色）2個
25號繡線（駝色・白色・深褐色）
手工藝用棉花　適量

51材料
不織布（白色）15×12cm
（灰色）7×4cm
（粉紅色）1×1cm
（奶油色）5×4cm
25號繡線
（灰色・白色・褐色・深褐色）
手工藝用棉花　適量

52材料
不織布（白色）15×12cm
（黃色）8×6cm
25號繡線（黃色・白色・深褐色）
手工藝用棉花　適量

※眼珠鈕釦是從背面入針，作出眼窩後再組裝。

1 縫製身體&斑紋。縫上雙手。

2 疊合身體後縫合，塞入棉花。組裝眼睛。

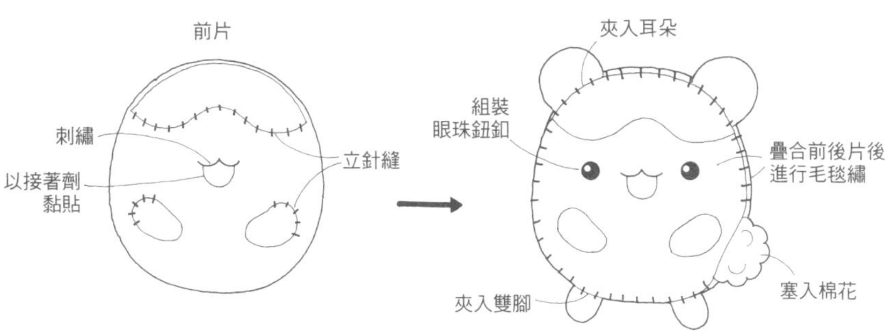

3 縫製種子，塞入棉花。

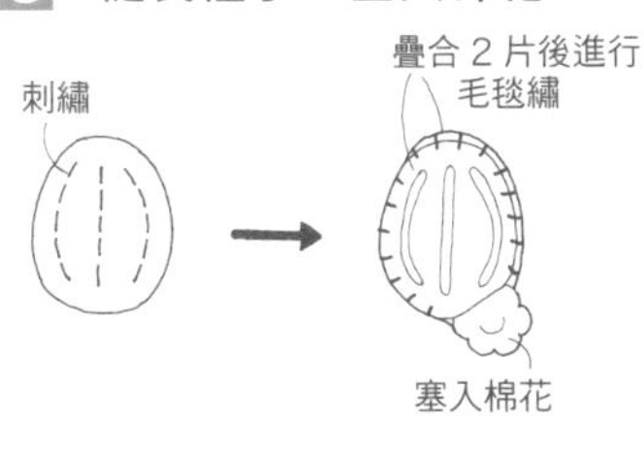

49
約5cm

完成圖

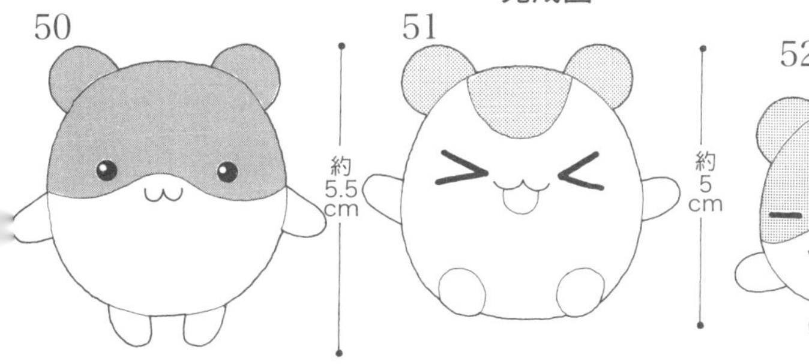

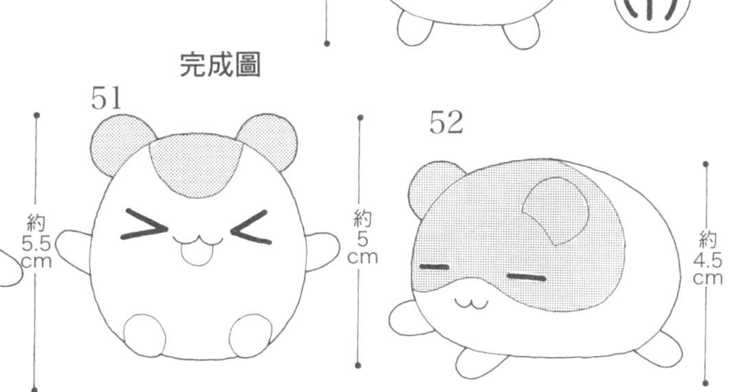

原寸紙型

49
耳朵（淺褐色・２片）
斑紋（淺褐色・１片）
飛羽繡（深褐色・１股）
眼珠鈕釦
嘴巴（粉紅色・１片）
身體（白色・２片）
手
腳
（白色・各２片）
☆＝縫合位置

回針繡（褐色・２股）
種子（奶油色・２片）
49
51

50
耳朵（祖母綠色・２片）
斑紋（駝色・１片）
眼珠鈕釦
飛羽繡（深褐色・１股）
手（白色・２片）
身體（白色・２片）
腳（白色・２片）

51
耳朵（灰色・２片）
斑紋（灰色・１片）
直線繡（深褐色・６股）
飛羽繡（深褐色・１股）
嘴巴（粉紅色・１片）
身體（白色・２片）
手（白色・２片）
腳（白色・２片）

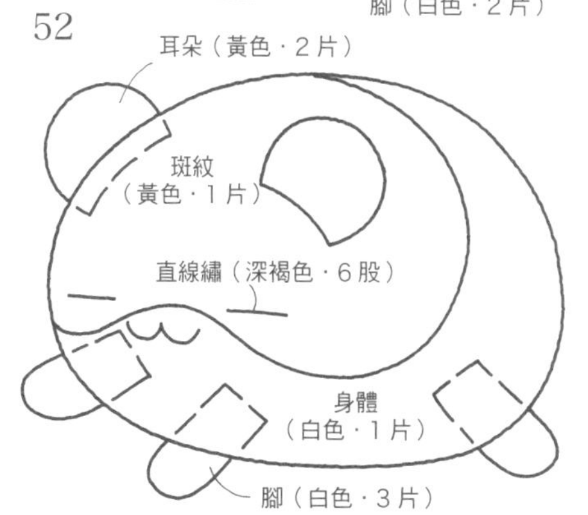

P.14　55・56　小鹿斑比

55材料
不織布
（粉紅色）16×12cm
（白色）6×4cm
（祖母綠色）6×3cm
（黃色）2×2cm
（深褐色）2×1cm
插入式眼珠（直徑4mm・褐色）1個
25號繡線
（粉紅色・白色・祖母綠色・深褐色）
手工藝用棉花　適量

56材料
不織布
（水藍色）16×12cm
（白色）6×4cm
（橘色）7×3cm
（奶油色）3×3cm
（深褐色）2×1cm
插入式眼珠
（直徑4mm・褐色）1個
25號繡線（水藍色・白色・
橘色・奶油色・深褐色）
手工藝用棉花　適量

※插入式眼珠以錐子開孔後，釘腳塗接著劑後黏牢。

56

縫製菇柄，
與菇傘疊合後縫合。
貼上花紋。

上面不塞入棉花
疊合2片進行毛毯繡
菇柄
塞入棉花

塞入棉花
以接著劑黏貼
疊合2片進行毛毯繡

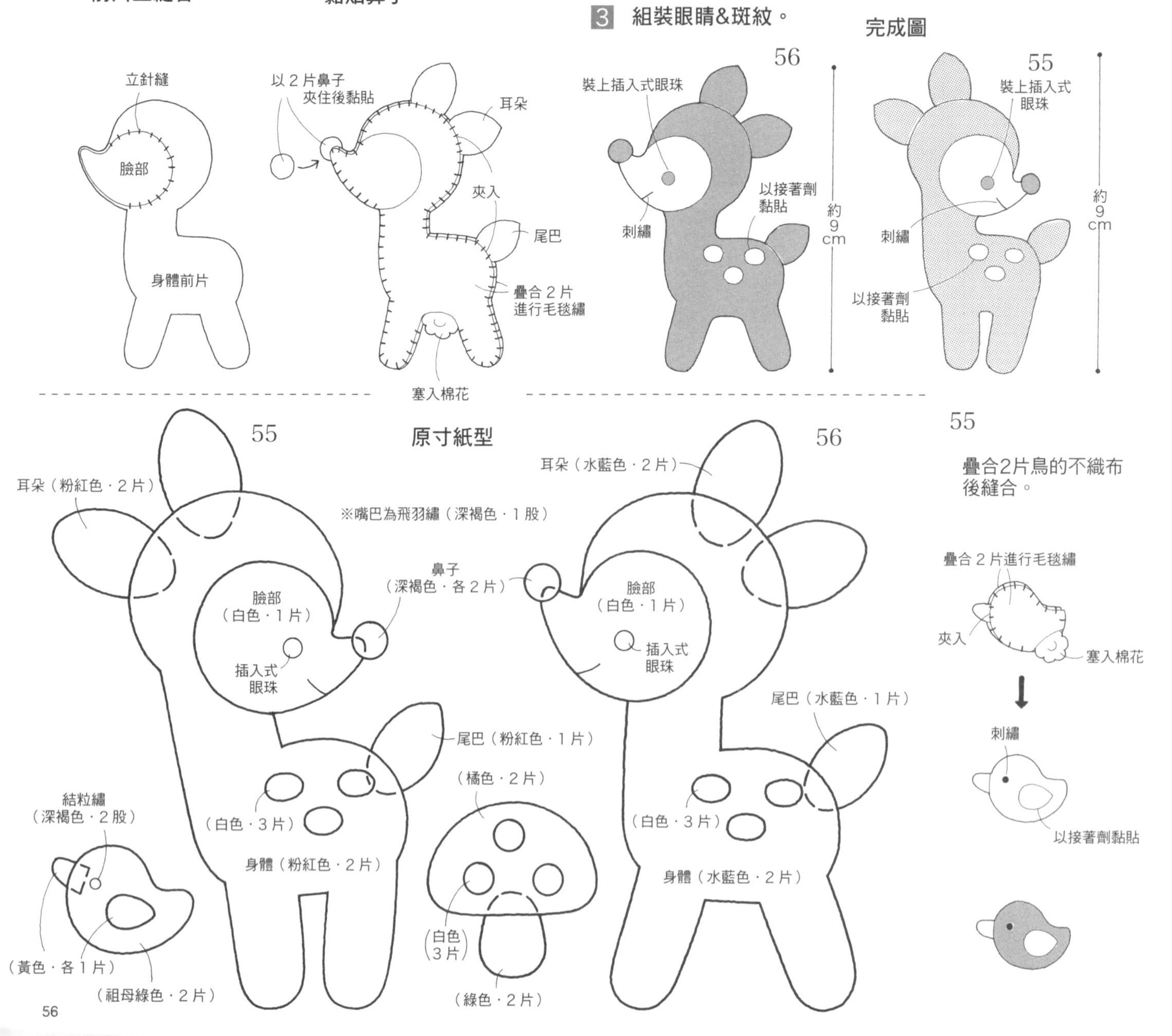

P.15　57　蜜蜂

材料
不織布（白色）12×12cm　（褐色）8×6cm　（黃色）5×5cm　（水藍色）5×5cm
插入式眼珠（直徑4.5mm・黑色）1個
25號繡線（褐色・白色・黃色・深褐色）
手工藝用棉花　適量
麻繩（深褐色）　粉彩筆（粉紅色）

※插入式眼珠以錐子打孔後，釘腳塗接著劑後黏牢。

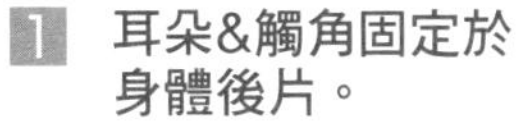

1 耳朵&觸角固定於身體後片。

2 縫合頭部&帽子，與身體疊合後縫合。

3 鋪上身體前片縫合，塞入棉花。

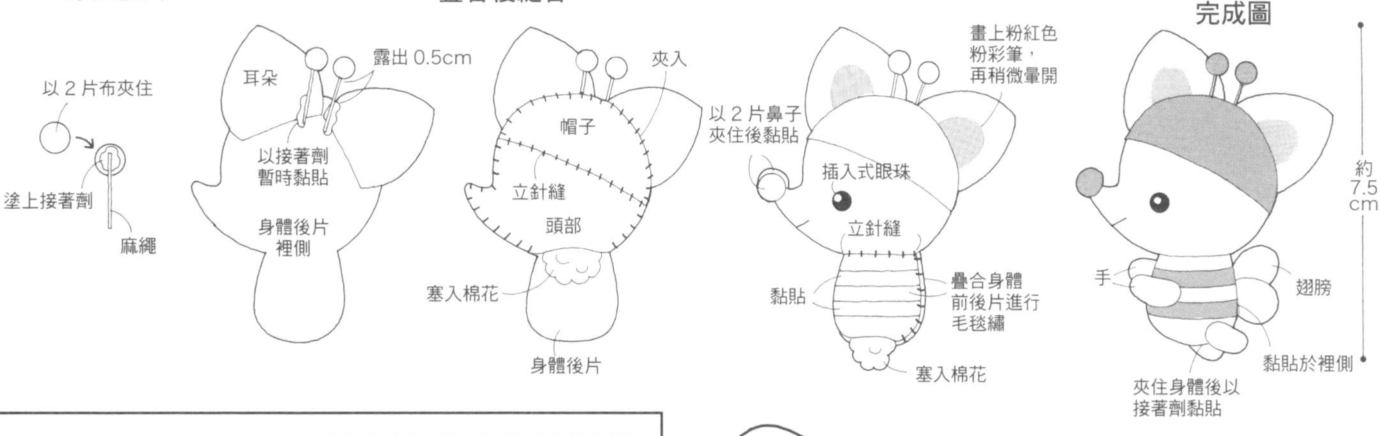

P.15　58　小紅帽

材料
不織布（白色）12×12cm
（紅色）8×8cm
（褐色）3×2cm
插入式眼珠
（直徑4.5mm・黑色）1個
25號繡線（白色・紅色・深褐色）
手工藝用棉花　適量
麻繩（深褐色）粉彩筆（粉紅色）

1 手腳&耳朵固定於身體後片。

2 身體前片&頭巾縫合。

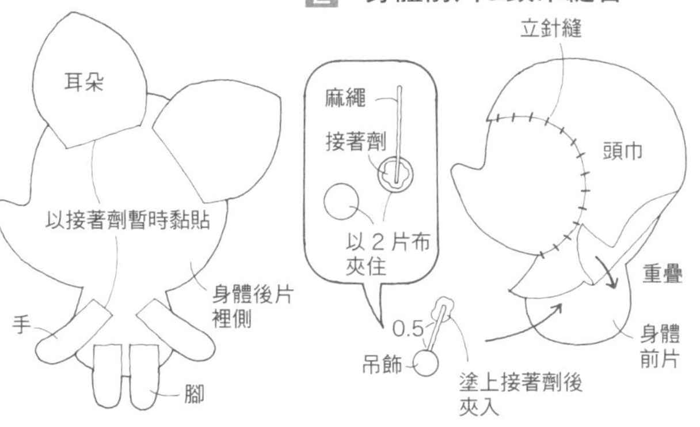

3 縫合身體前後片，塞入棉花。

原寸紙型

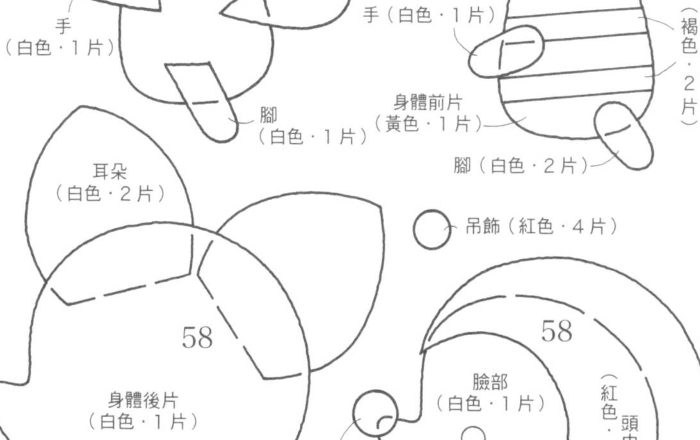

P.15　59草莓　60哈蜜瓜　61橘子

59材料
不織布
（白色）12×10cm
（紅色）8×6cm
（綠色）3×1cm
眼珠鈕釦（直徑4mm・黑色）2個
插入式眼珠（直徑3.5mm・褐色）1個
25號繡線（白色・紅色・黑色）
手工藝用棉花　適量

60材料
不織布
（白色）12×10cm
（祖母綠色）8×6cm
眼珠鈕釦（直徑4mm・黑色）2個
插入式眼珠（直徑3.5mm・褐色）1個
25號繡線
（白色・祖母綠色・黃綠色・黑色）
手工藝用棉花　適量

61材料
不織布
（白色）12×10cm
（黃色）8×6cm
（綠色）1×2cm
眼珠鈕釦（直徑4mm・黑色）2個
插入式眼珠（直徑3.5mm・褐色）1個
25號繡線（白色・黃色・淺黃色・黑色）
手工藝用棉花　適量

※眼珠鈕釦是從背面入針，作出眼窩後再組裝。
※插入式眼珠（鼻子）以錐子在不織布上開孔後，釘腳塗接著劑後黏牢。

59

1 縫合臉部&帽子。

帽子
臉部
立針縫

2 耳朵&手腳固定於身體後片。

耳朵
身體裡側
以接著劑暫時黏貼

3 縫合身體後片&臉部，塞入棉花。

臉部
與身體後片疊合後進行毛毯繡
塞入棉花

4 疊合身體前後片縫合，塞入棉花。組裝眼睛・鼻子・紋路・果蒂。

完成圖

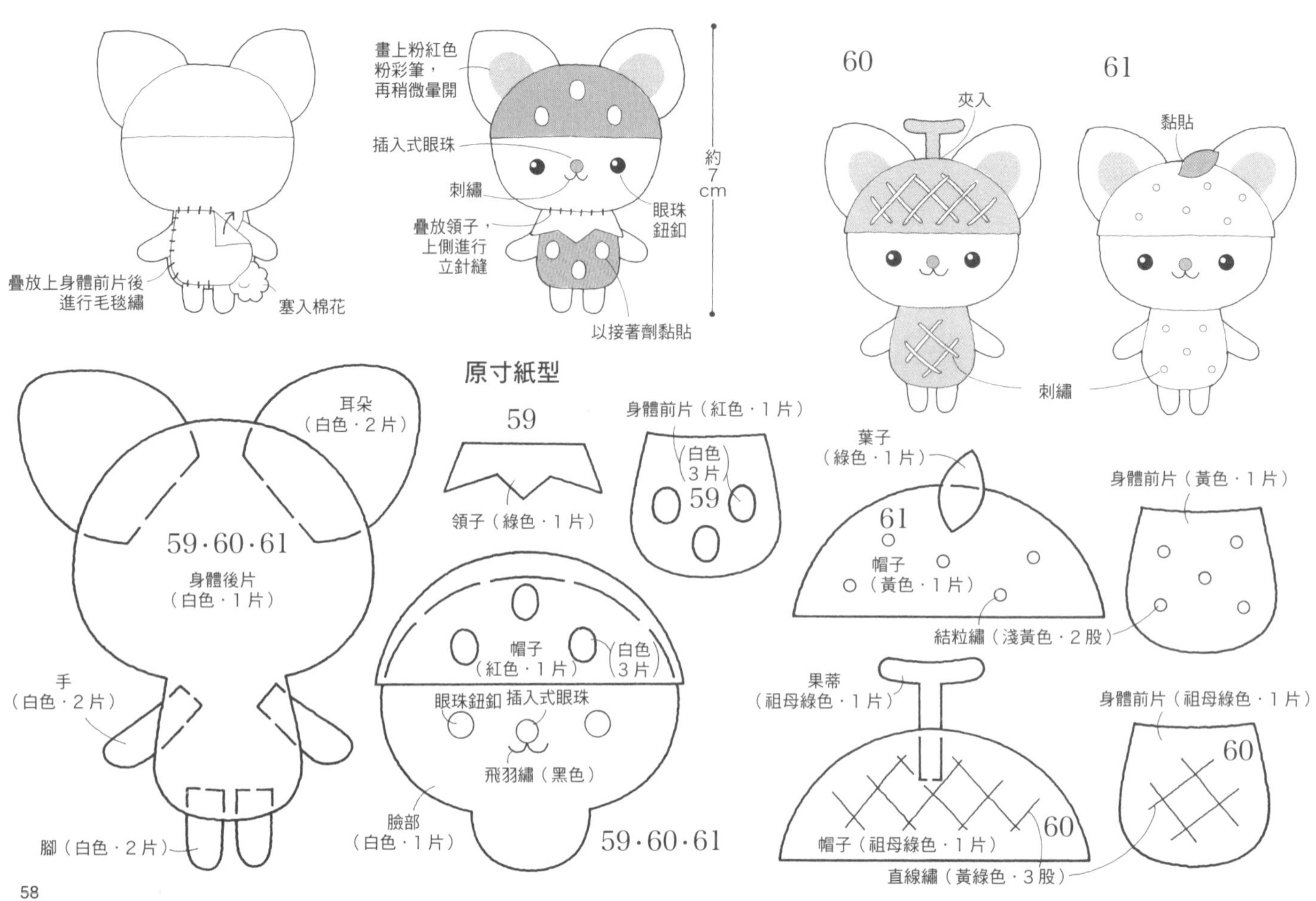

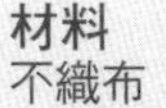

P.17 67 鳥籠

※原寸紙型見 P.60

材料

不織布
（灰色）12×12cm
（水藍色）5×5cm
（紫色）3×2cm
（奶油色）3×3cm
（粉紅色）3×3cm
圓珠（直徑3mm・黑色）1個
大型圓珠13個（粉紅色）
25號繡線（水藍色・灰色）
手工藝用棉花 適量
直徑1.2cm的單圈1個
寬0.5cm的緞帶20cm

1 鳥籠前片進行刺繡。

2 鳥籠後片進行刺繡。

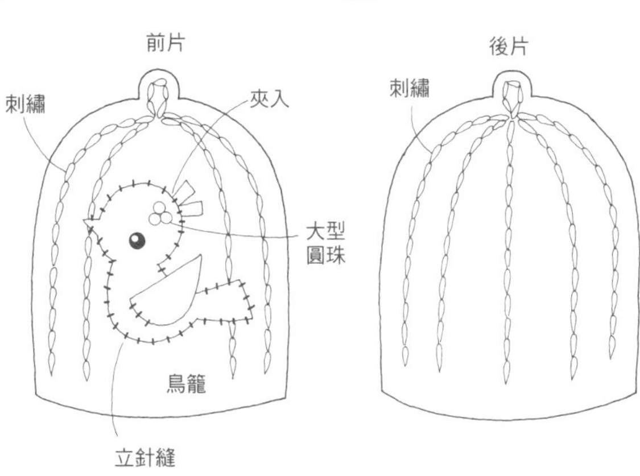

3 疊合鳥籠前後片縫合，
塞入棉花。
縫上裝飾，組裝單圈。

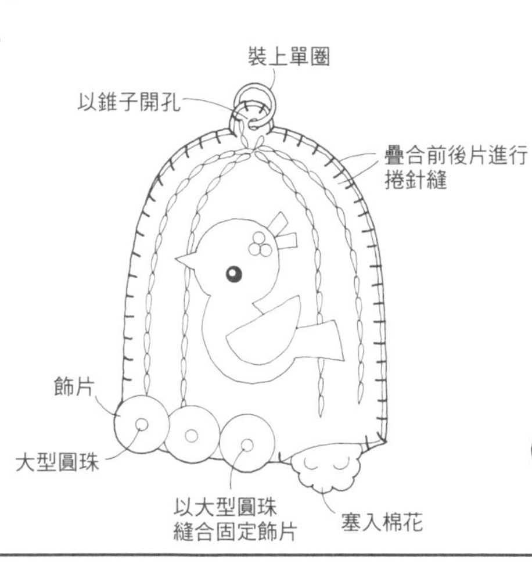

4 緞帶穿過單圈。

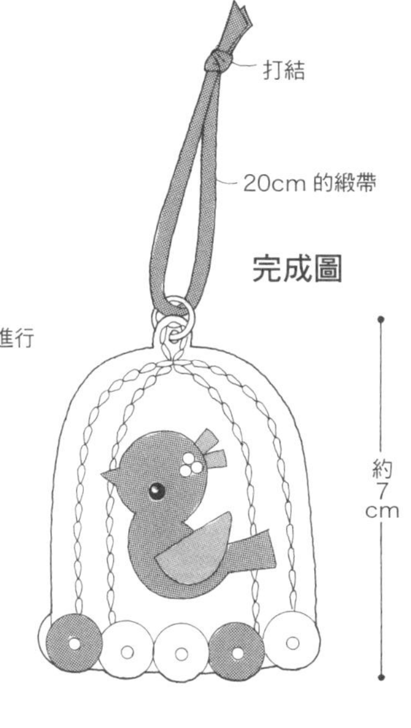

P.17 68 花嘴鴨

※原寸紙型見 P.60

材料

不織布（褐色）10×6cm
（深褐色）6×3cm
（淺褐色）12×4cm
（芥末黃色）4×3cm
眼睛鈕釦（直徑6mm・黑色）2個
圓珠（直徑3mm・黑色）4個
25號繡線（白色・褐色・深褐色・芥末黃色）
手工藝用棉花 適量
人造絲繩60cm（水藍色）

1 鴨媽媽身體組裝羽毛&眼睛。

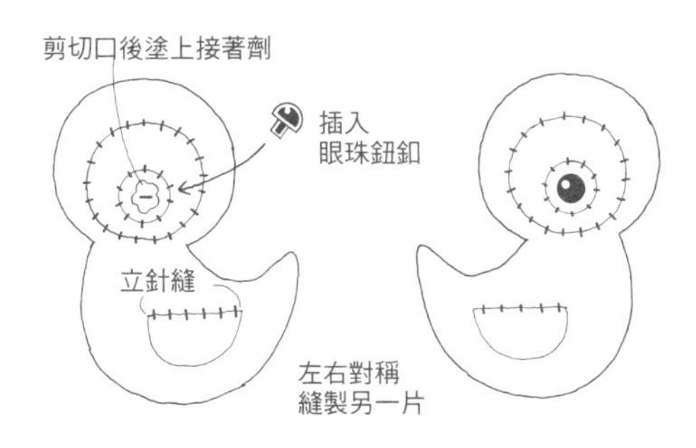

2 鴨寶寶身體組裝羽毛&眼睛。

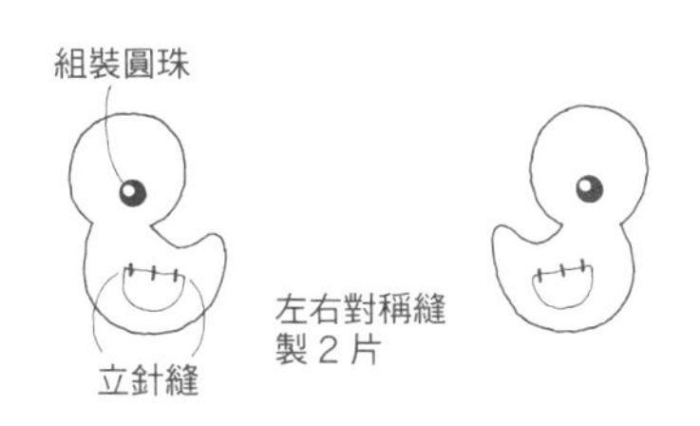

3 人造絲繩縫合於
單片身體。

4 與另一片身體疊合後縫合，
塞入棉花。縫上嘴巴。

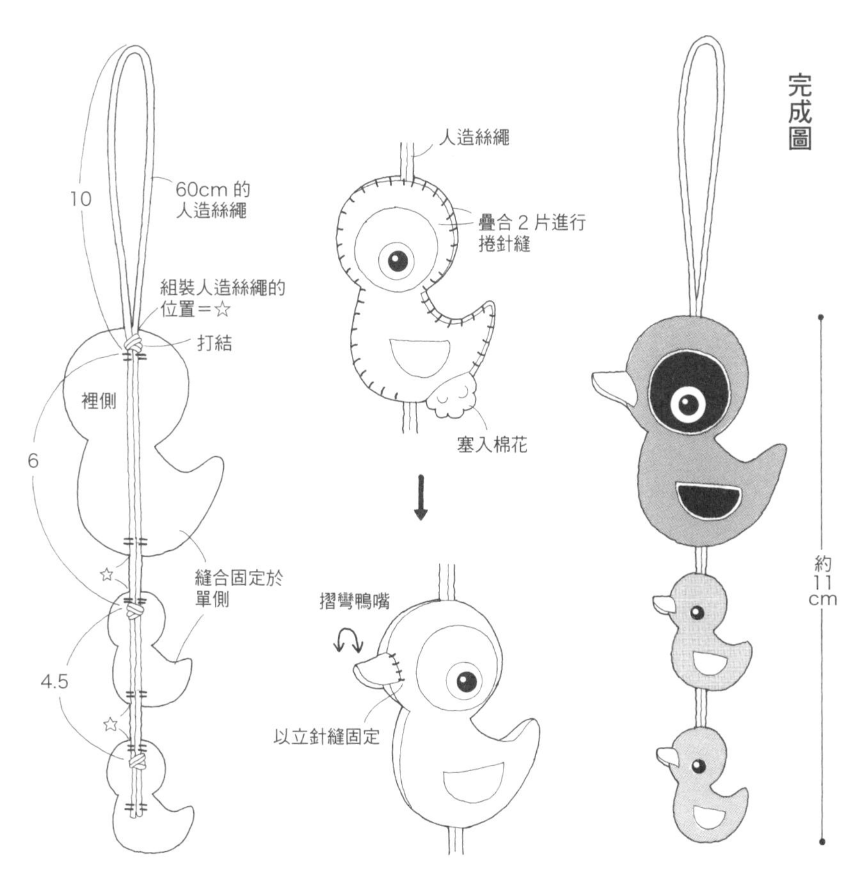

P.16　62梟　63貓頭鷹

62材料
不織布
（橘色）10×7cm
（藍色）2×2cm
（白色）3×2cm
（奶油色）1×1cm
鈕釦（直徑5mm・深藍色）2個
25號繡線（與不織布同色）
直徑1.2cm的單圈1個
手工藝用棉花　適量

1 前片縫上眼睛&羽毛，後片組裝單圈。

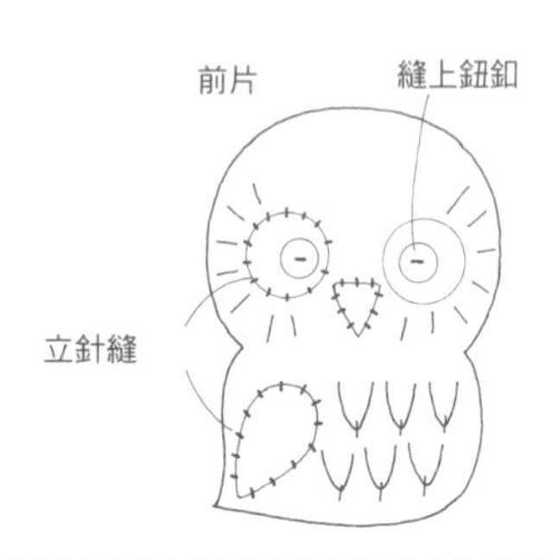

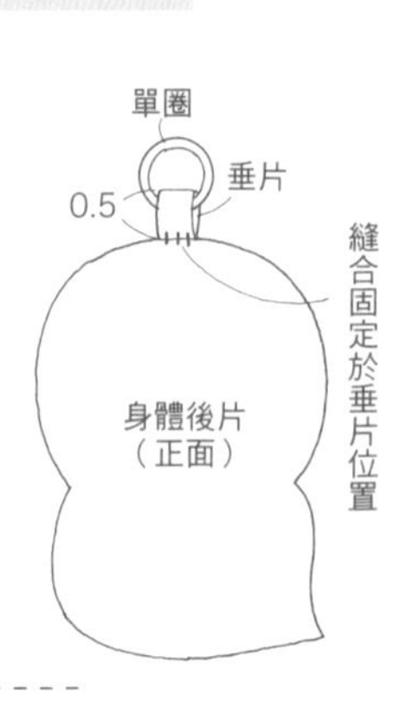

2 疊合前後片縫合，塞入棉花。

完成圖

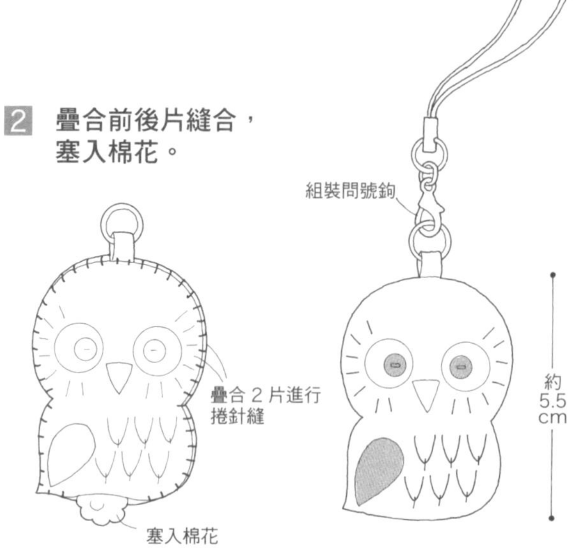

63材料
不織布（藍色）10x7cm
（橘色）2×2cm
（白色）3×2cm
（奶油色）1×1cm
鈕釦（直徑5mm・橘色）2個
25號繡線（與不織布同色）
直徑1.2cm的單圈1個
手工藝用棉花　適量

※作法同62

完成圖

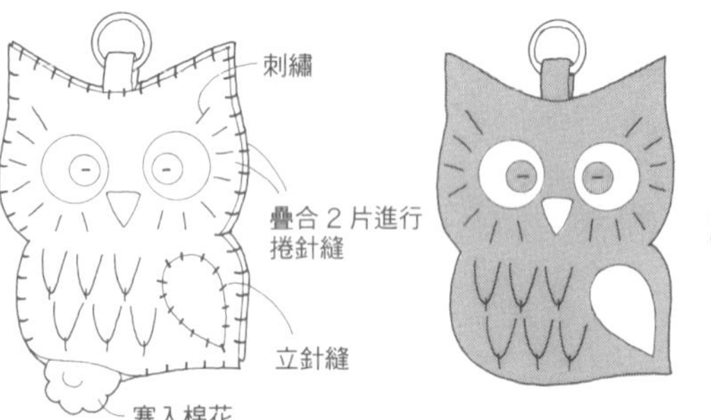

原寸紙型

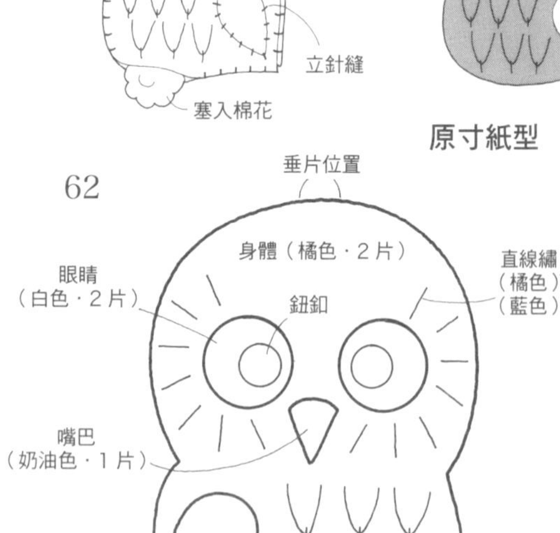

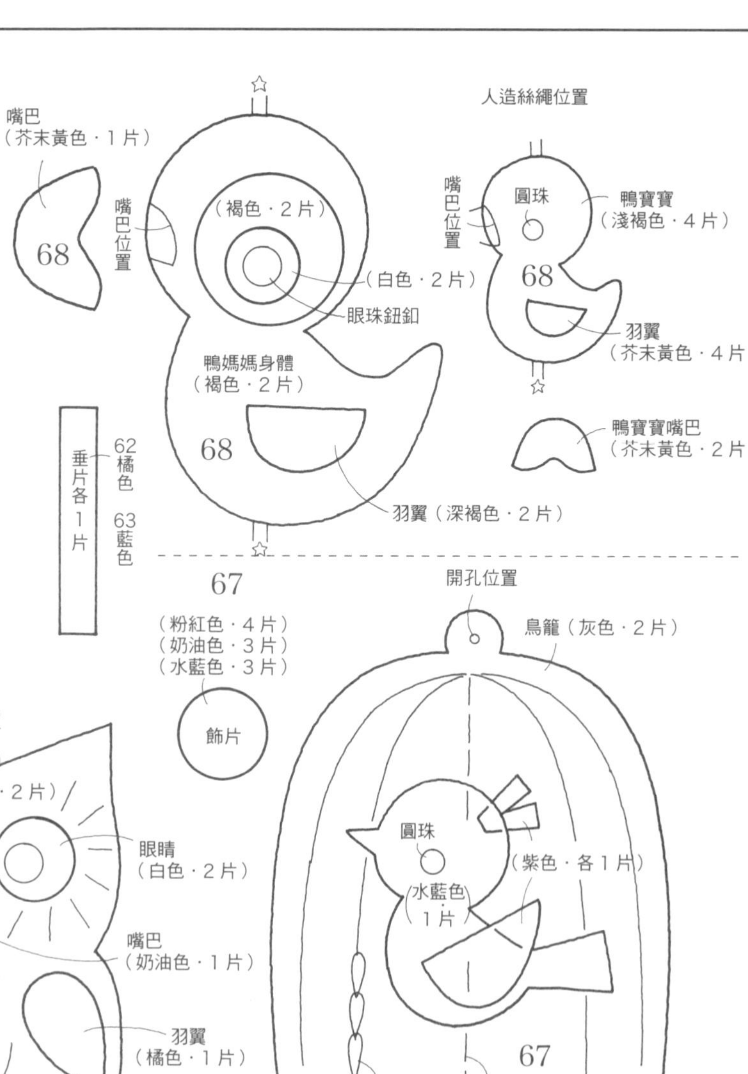

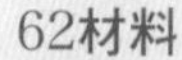

P.16　64鳳頭鸚鵡　65鸚鵡　66小鳥

64材料
不織布（白色）14×8cm
　　（芥末黃色）1×2cm
　　（奶油色）1×1cm
眼珠鈕釦（直徑6mm・黑色）2個
人造鑽石2個
25號繡線（水藍色・灰色）
手工藝用棉花　適量　單圈1個

64
1 身體縫上羽翼&鳥嘴，組裝眼睛。
2 身體後片縫上垂片&冠毛。
3 疊合身體後縫合，塞入棉花。

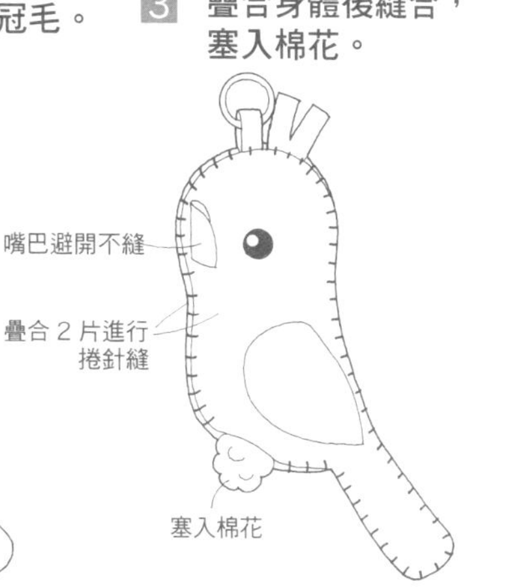

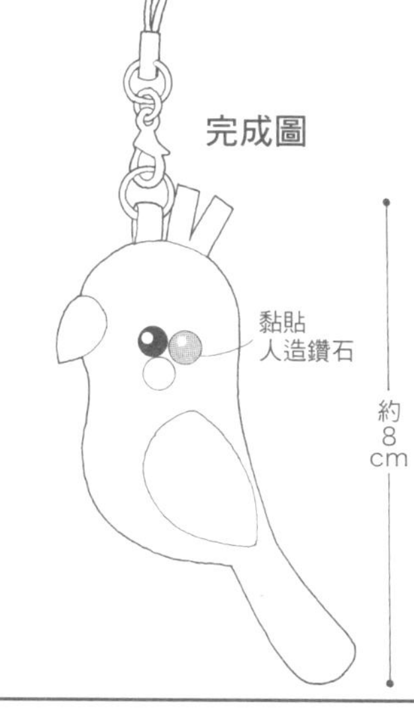

65材料
不織布（黃綠色）14×8cm
　　（奶油色）6×6cm
　　（藍色）4×2cm
　　（深粉紅色）4×3cm
眼珠鈕釦（直徑6mm・黑色）2個
25號繡線（與不織布同色）
手工藝用棉花　適量
人造鑽石5個
直徑1.2cm的單圈1個

66材料
不織布（深粉紅色）14×6cm
　　（粉紅色）6×3cm
眼珠鈕釦（直徑6mm・黑色）2個
25號繡線（與不織布同色）
手工藝用棉花　適量
人造鑽石3個
直徑1.2cm的單圈1個

65　※作法同 64

66　※作法同 64

原寸紙型

☆＝垂片位置

P.18　69至71　俄羅斯娃娃

69材料
不織布
（紅色）15×8cm
（深藍色）12×10cm
（白色）5×5cm
（鮮紅色）2×2cm
（抹茶色・黃綠色・芥末黃色）各2×1cm
（駝色）4×4cm
（褐色）4×2cm
25號繡線
（深褐色・褐色・與不織布同色）
鈕釦（直徑4mm・水藍色）1個
手工藝用棉花　適量

70材料
不織布
（芥末黃色）13×7cm
（深藍色）12×10cm
（紅色）2×3cm
（淺粉紅色・抹茶色）各2×1cm
（白色）7×4cm
（駝色）3×3cm
（褐色）3×2cm
25號繡線
（深褐色・綠色・與不織布同色）
鈕釦（直徑4mm・粉紅色）1個
手工藝用棉花　適量

71材料
不織布
（橘色）11×6cm
（深藍色）11×9cm
（芥末黃色）2×2cm
（紅色）3×1cm
（白色）7×4cm
（粉紅色）1×1cm
（深粉紅色）2×1cm
（駝色）3×3cm
（褐色）3×2cm
25號繡線
（深褐色・綠色・與不織布同色）
鈕釦（直徑4mm・水藍色）1個
手工藝用棉花　適量

1 臉部固定於前片，圍裙固定於身體前片。

臉部進行刺繡
以接著劑黏貼
立針縫
前片
縫上鈕釦

身體前片
圍裙
立針縫
以接著劑黏貼
以平針繡縫合
以直線繡縫合

2 疊合身體前片&前片後縫合。

疊放前片
立針縫
身體

3 疊合身體後片&後片後縫合。

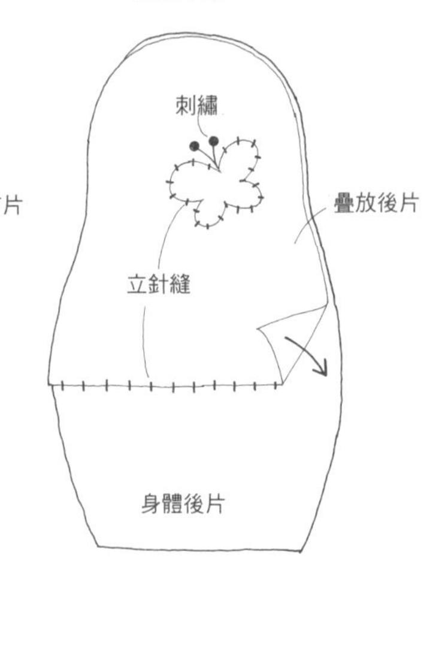

4 疊合前後片縫合，塞入棉花。

完成圖

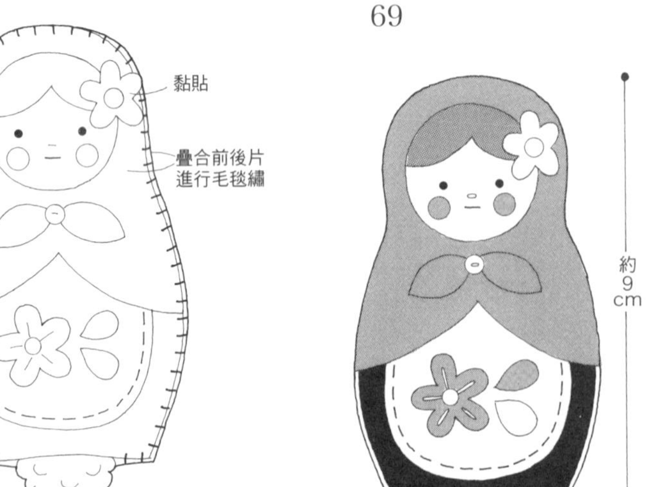

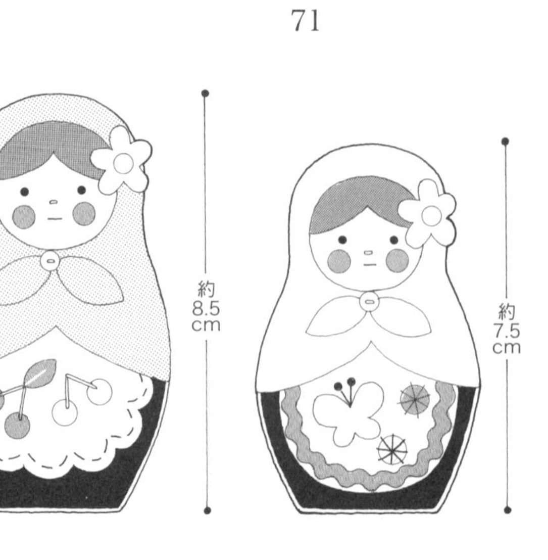

原寸紙型

※除指定處之外，都是以1股繡線刺繡。
※眼睛為結粒繡（深褐色）、鼻子為直線繡（駝色）、嘴巴為直線繡（紅色），各2股。

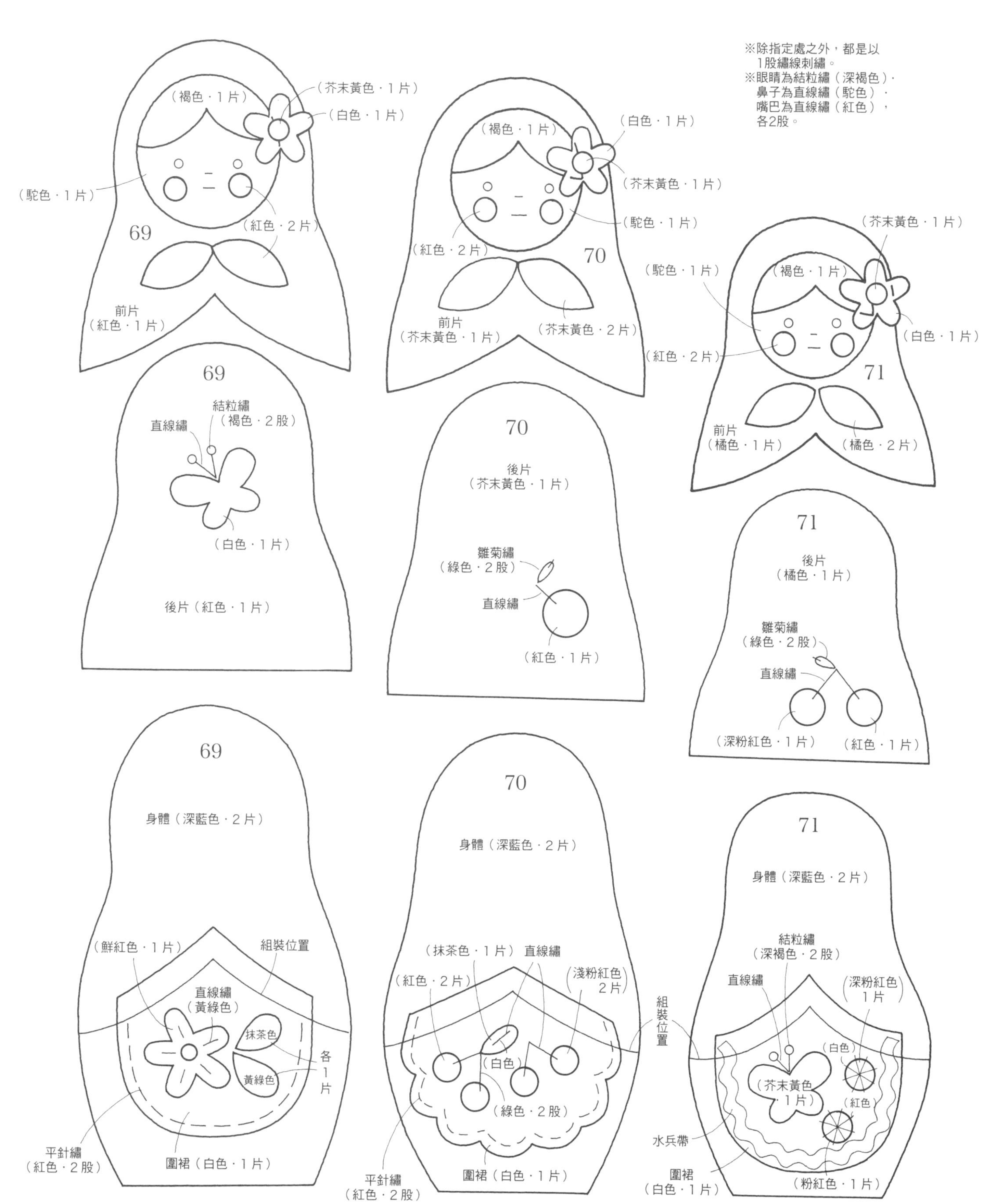

P.19 72至74 雪人

72材料
不織布
（白色）16×13cm
（黑色）6×5cm
（紅色）20×2cm
（水藍色）8×3cm
（抹茶色）12×5cm
（橘色）3×3cm
（檸檬黃色）3×3cm
25號繡線（白色・黑色・紅色・水藍色・抹茶色）
寬0.3cm的水兵帶15cm
寬0.9cm的蕾絲15cm
厚紙板 少許
手工藝用棉花 適量

73材料
不織布
（白色）15×11cm
（黑色）5×5cm
（紅色）20×2cm
（芥末黃色）7×2cm
（薄荷綠色）10×4cm
25號繡線
（與不織布同色・綠色）
寬0.7cm的水兵帶15cm
寬0.9cm的蕾絲12cm
厚紙板 少許
手工藝用棉花 適量

74材料
不織布
（白色）12×9cm
（黑色）5×4cm
（紅色）19×1cm
（水藍色）6×2cm
（深粉紅色）8×3cm
25號繡線
（與不織布同色・黃色）
寬0.4cm的水兵帶10cm
寬0.6cm的蕾絲10cm
厚紙板 少許
手工藝用棉花 適量

※原寸紙型見 P.64・P.65

1 臉部&裝飾固定於身體，疊合2片後縫合。

2 縫合身體&底部，塞入棉花，中途加入厚紙板。

完成圖

原寸紙型

※數字由上至下分別代表72・73・74

原寸紙型

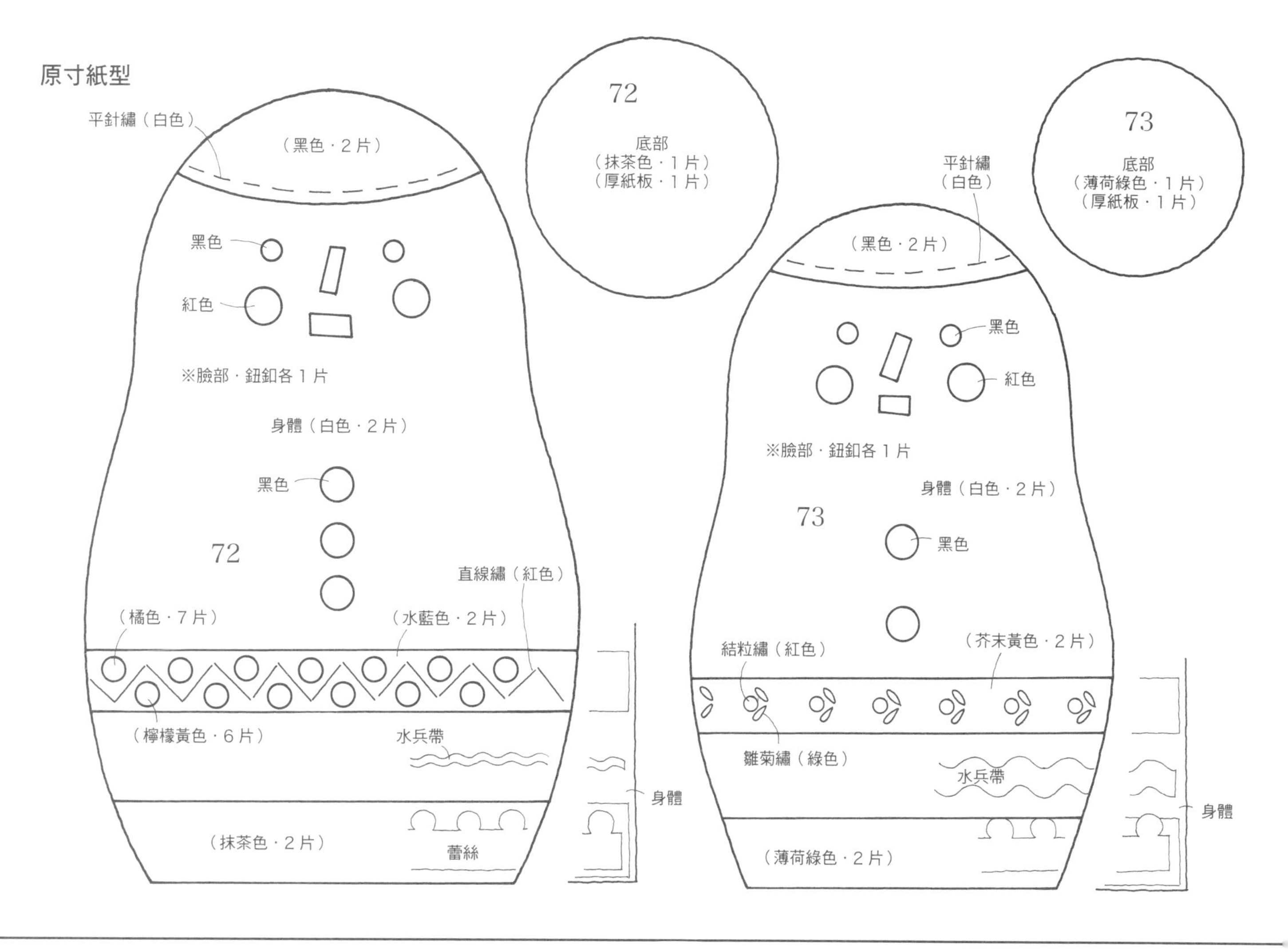

P.20 76・77

原寸紙型

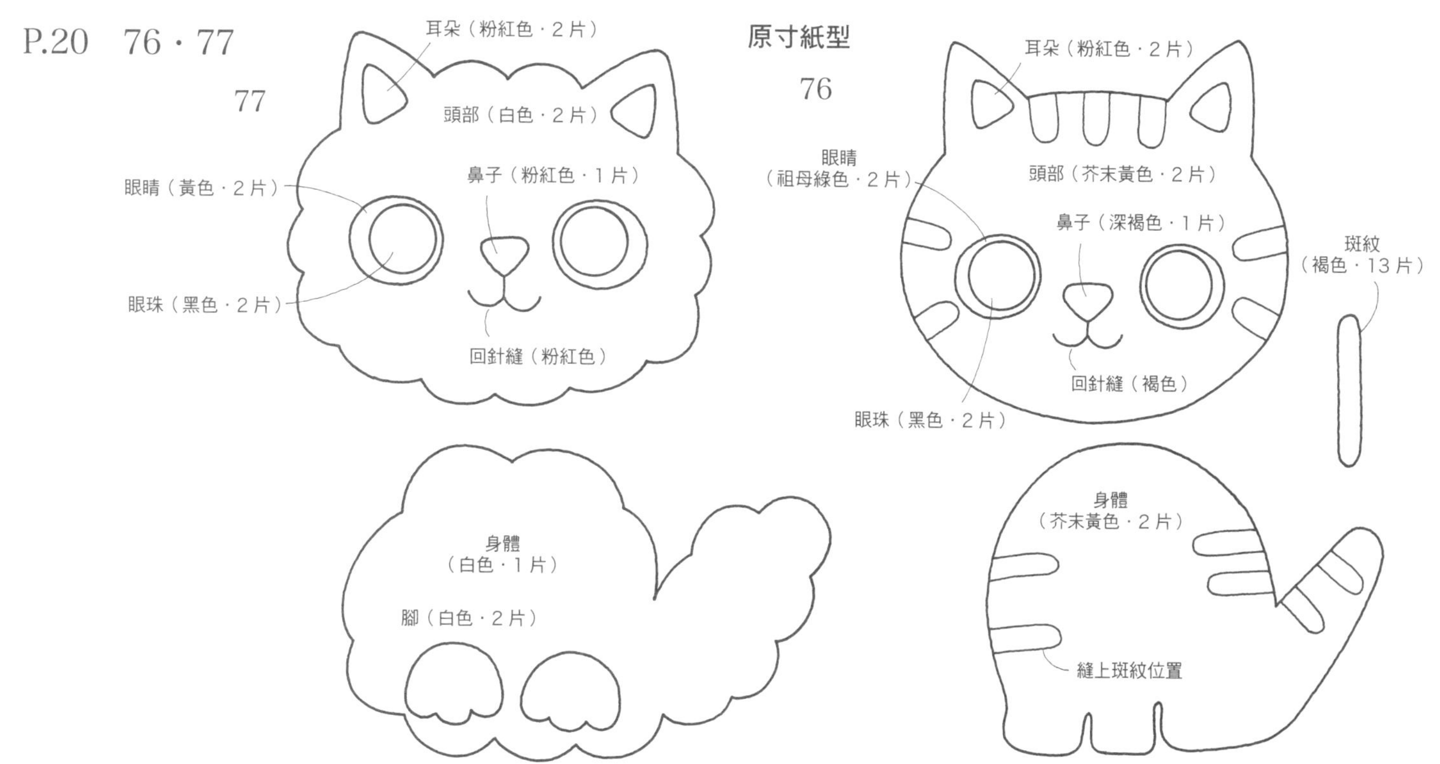

P.20 75
俄羅斯藍貓

材料
不織布
（灰色）12×6cm
（黑色）3×2cm
（藍色）3×2cm
（粉紅色）2×1cm
25號繡線
（灰色・黑色）
手工藝用棉花　適量

1 眼睛&鼻子固定於臉部，疊合2片後縫合，塞入棉花。 **2** 縫合身體，塞入棉花。

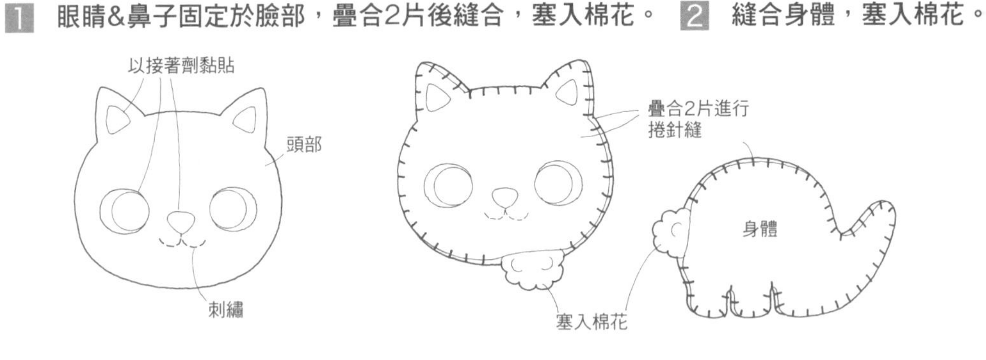

原寸紙型

3 縫合頭部&身體。

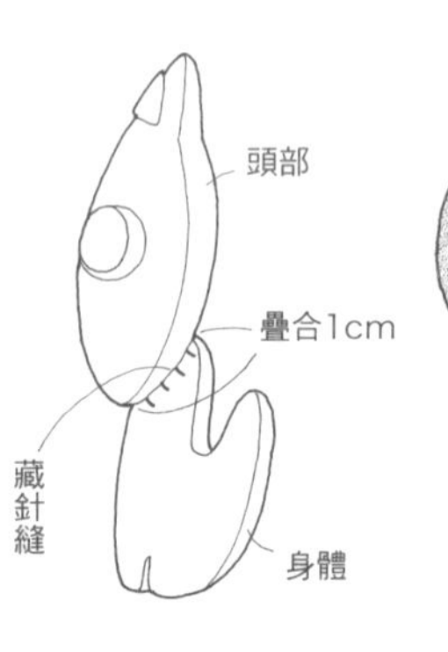

完成圖

P.20　76　美國短毛貓

材料
不織布
（芥末黃色）12×6cm
（黑色）3×2cm
（祖母綠色）3×2cm
（深褐色）1×1cm
（粉紅色）2×1cm
（褐色）5×3cm
25號繡線
（芥末黃色・褐色）
手工藝用棉花　適量

※原寸紙型見P.46

作法同75。縫合頭部&身體後黏貼斑紋。

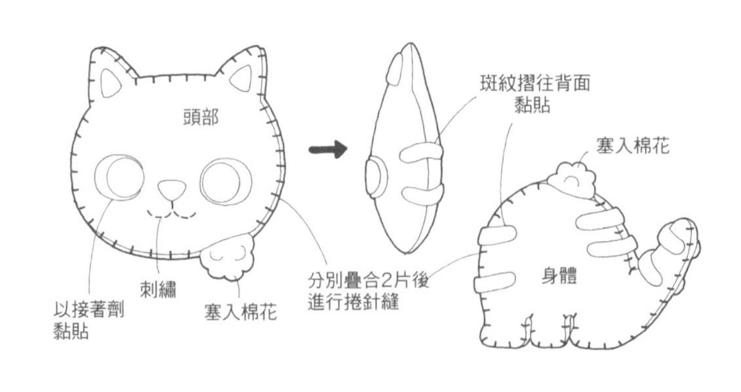

完成圖

P.20　77　金吉拉貓

材料
不織布
（白色）15×9cm
（黑色）3×2cm
（黃色）3×2cm
（粉紅色）3×1cm
25號繡線
（白色・粉紅色）
手工藝用棉花　適量

作法同75。

完成圖

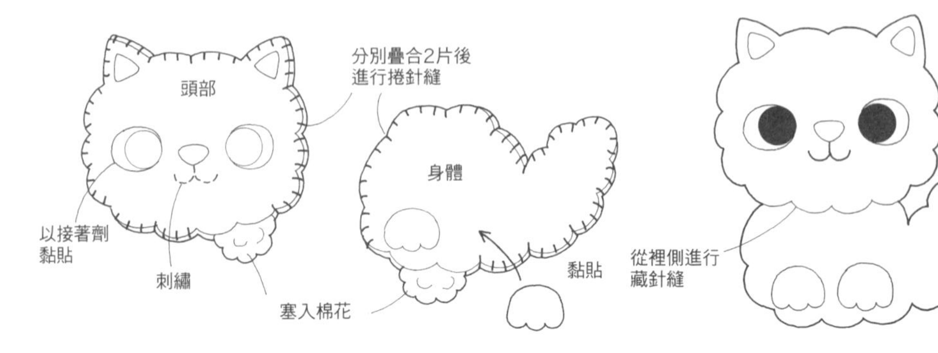

 ※原寸紙型見P.65。

P.21　82　西施犬

材料
不織布
（灰色）10×10cm
（褐色）6×6cm
（黑色）1×1cm
25號繡線（白色・褐色・黑色）
圓珠（直徑3mm・黑色）2個
手工藝用棉花　適量

※原寸紙型見 P.69

1 臉部貼上斑紋・鼻子，與頭部疊合後縫合。塞入棉花。縫上眼睛。

2 縫合耳朵。

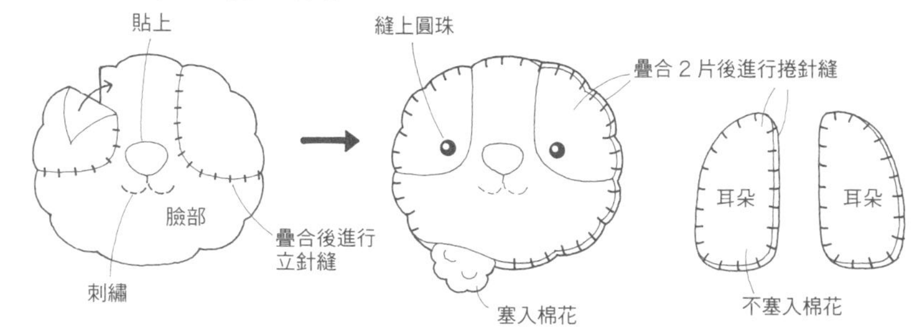

3 身體疊合後縫合，塞入棉花。

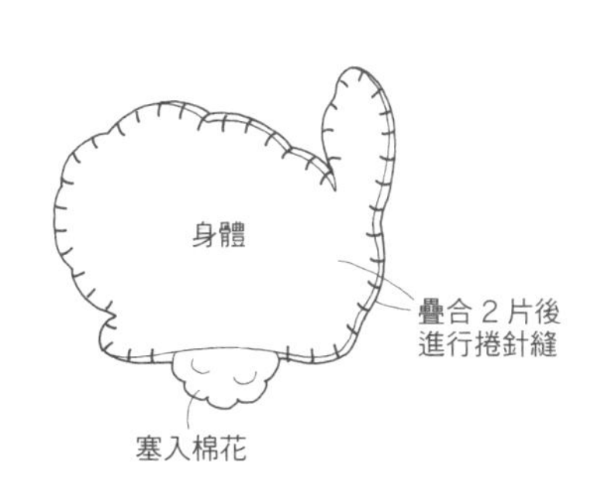

4 頭部縫上耳朵。將頭部縫合固定於身體。

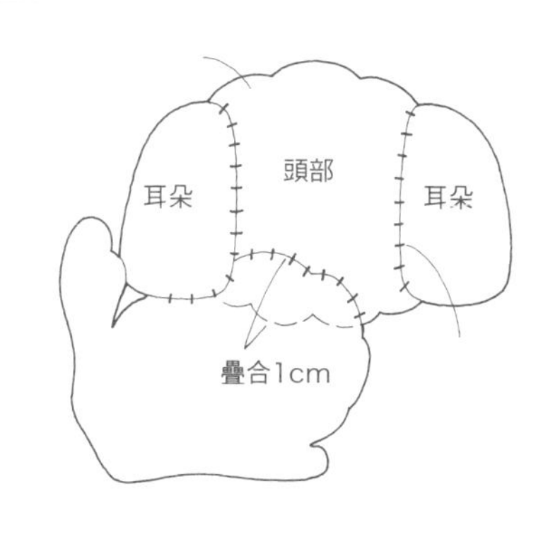

完成圖

P.21　79　玩具貴賓犬

材料
不織布
（芥末黃色）18×10cm
（黑色）2×1cm
25號繡線（芥末黃・黑色）
圓珠（直徑3mm・黑色）2個
手工藝用棉花　適量

※原寸紙型見 P.69

1 頭部貼上鼻子，疊合2片頭部後縫合，塞入棉花。組裝眼睛。

2 縫合耳朵。

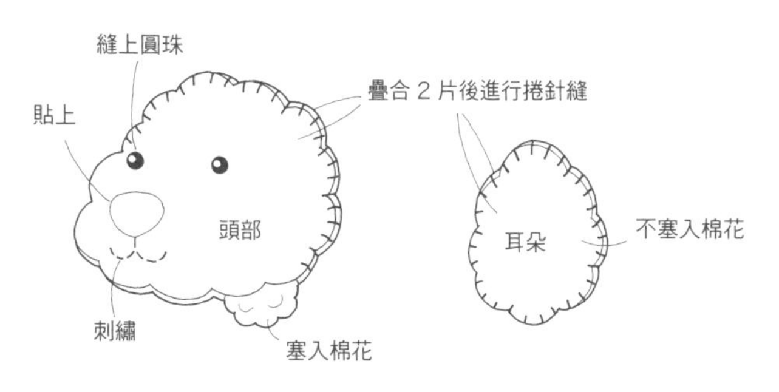

3 身體疊合後縫合，塞入棉花。

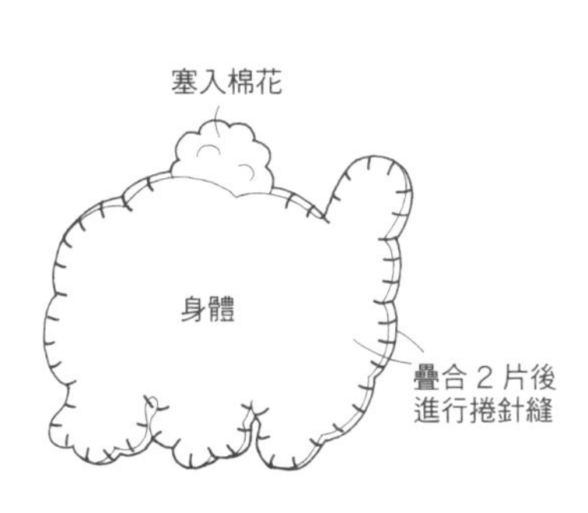

4 頭部縫上耳朵。將頭部縫合固定於身體。

完成圖

P.21　80　蘇格蘭㹴犬

材料
不織布
（黑色）15×7cm
圓珠（直徑3mm・黑色）2個
25號繡線（黑色）
手工藝用棉花　適量

※原寸紙型見 P.69
※圓珠是從背面入針，作出眼窩後再組裝。

疊合 2 片身體後縫合，塞入棉花。
組裝眼睛。

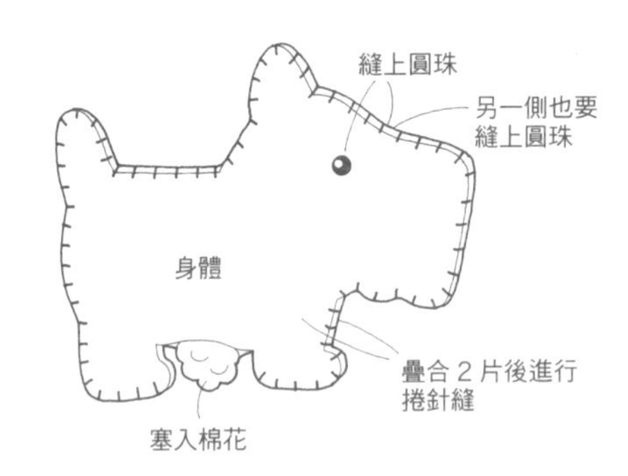

完成圖

P.21　81　薩摩耶犬

材料
不織布
（白色）15×8cm
（紅色）4×4cm
（黑色）2×1cm
（粉紅色）2×1cm
圓珠（直徑3mm・黑色）2個
25號繡線（白色・黑色）
手工藝用棉花　適量

※原寸紙型見 P.69
※圓珠是從背面入針，作出眼窩後再組裝。

鼻子固定於身體，疊合2片後縫合，
塞入棉花。組裝眼睛&領巾。

完成圖

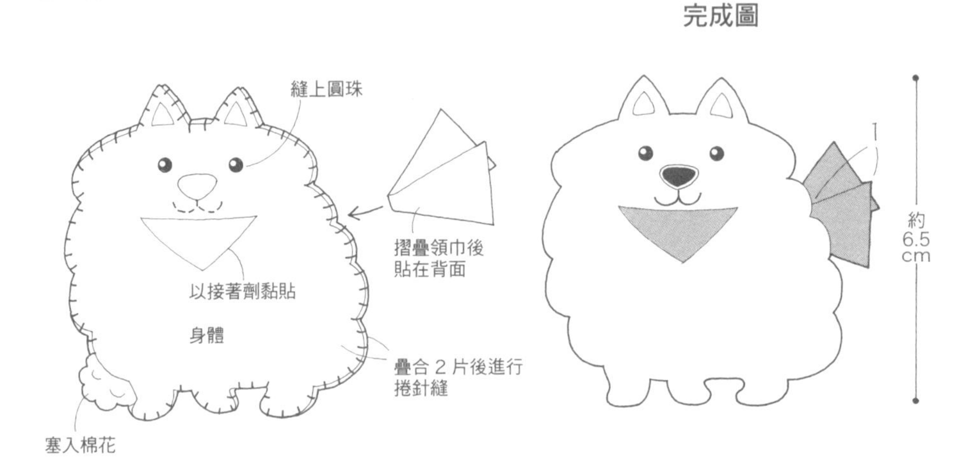

P.21　78
法國鬥牛犬

材料
不織布（白色）12×12cm
（黑色）8×4cm
（粉紅色）2×2cm
圓珠（直徑5mm・黑色）2個
25號繡線（白色・黑色）
手工藝用棉花　適量

※原寸紙型見 P.69
※圓珠是從背面入針，作出眼窩後再組裝。

1 耳朵固定於頭部，疊合2片後縫合，
塞入棉花。組裝眼睛。

2 縫製嘴型，塞入棉花。進行刺

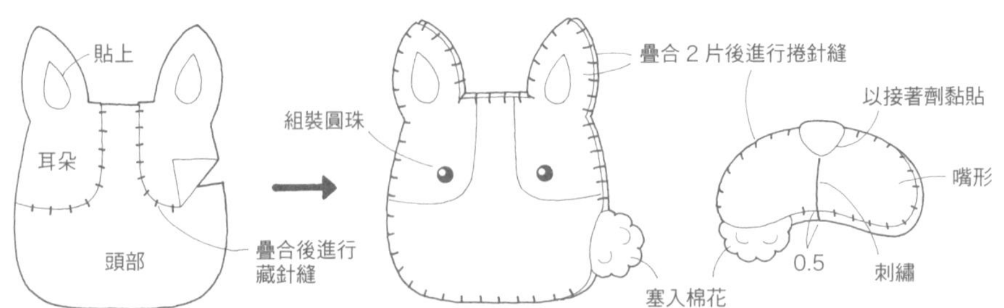

3 嘴型縫合固定在頭部上。

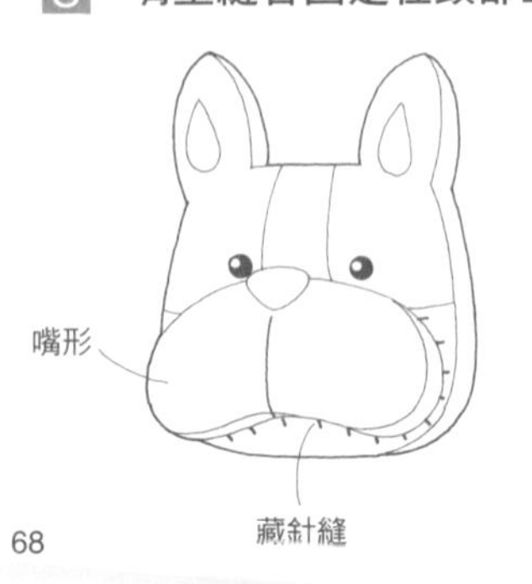

4 縫合身體，
塞入棉花。

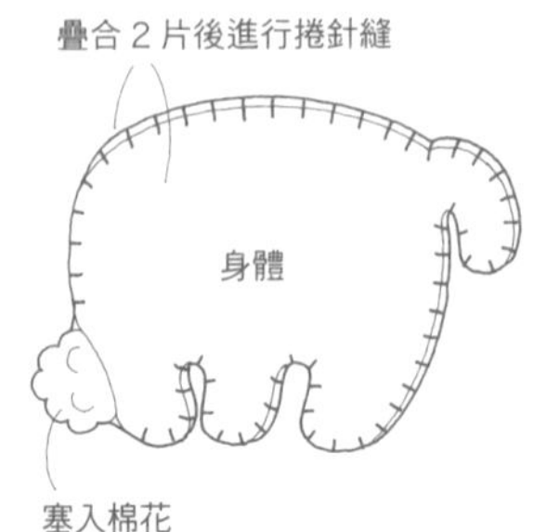

5 頭部縫合固定在
身體上。

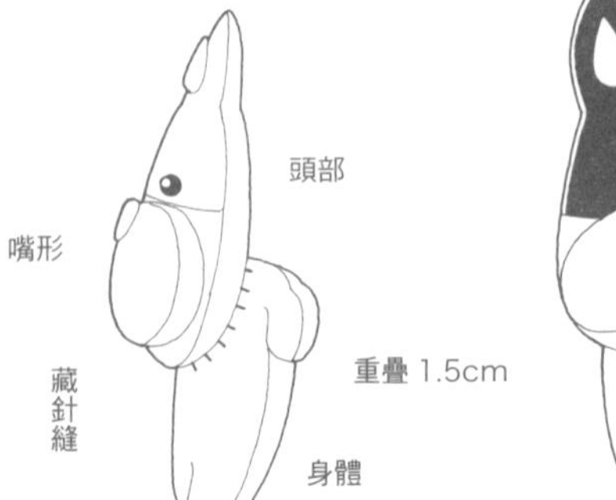

完成圖

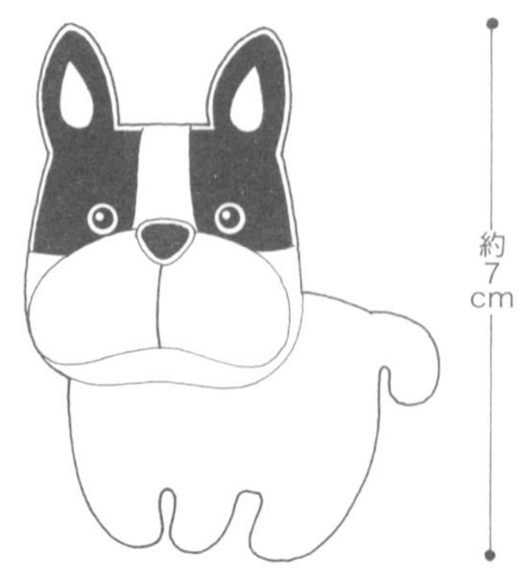

78
原寸紙型
（粉紅色・2片）
縫份
縫份
耳朵位置
82
鼻子（黑色・1片）
圓珠
圓珠
臉部（白色・2片）
耳朵
（芥末黃色・4片）
耳朵（黑色・2片）
臉部
（芥末黃色・2片）
鼻子（黑色・1片）
回針縫（黑色・2股）
嘴形
（白色・2片）
身體（白色・2片）
身體（芥末黃色・2片）
直線繡（黑色・2股）
80
（粉紅色・2片）
領巾
（紅色・1片）
圓珠
圓珠
鼻子
（黑色・1片）
回針縫
（黑色・2股）
81
身體（黑色・2片）
（紅色・1片）
身體（白色・2片）
斑紋
（褐色・2片）
圓珠
82
鼻子（黑色・1片）
縫份
縫份
耳朵
（褐色・4片）
臉部（白色・1片）
身體（白色・2片）
回針縫（黑色・2股）
臉部（白色・1片）

P.22　83海豚　84小海豚

84材料
不織布（藍色）11×12cm
眼珠鈕釦（直徑3.5mm・黑色）2個
25號繡線（藍色・白色）
手工藝用棉花　適量

83材料
不織布（水藍色）20×20cm
眼珠鈕釦（直徑3.5mm・黑色）2個
25號繡線（水藍色、白色）
手工藝用棉花　適量

疊合身體２片後縫合，塞入棉花。
組裝眼睛。

※原寸紙型見 P.72

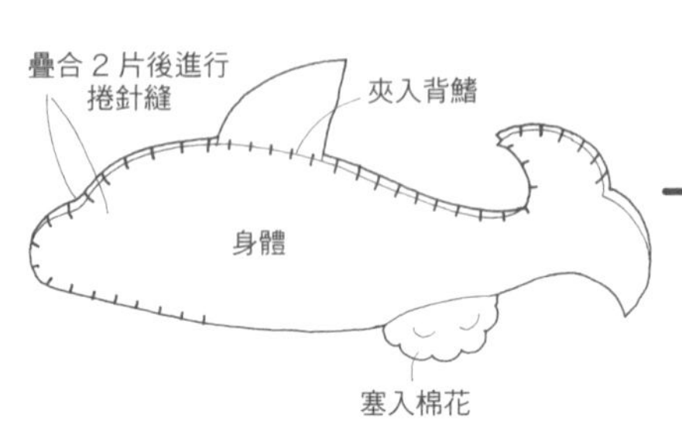

組裝眼珠鈕釦
約10cm
刺繡
上側進行藏針縫
魚鰭

完成圖

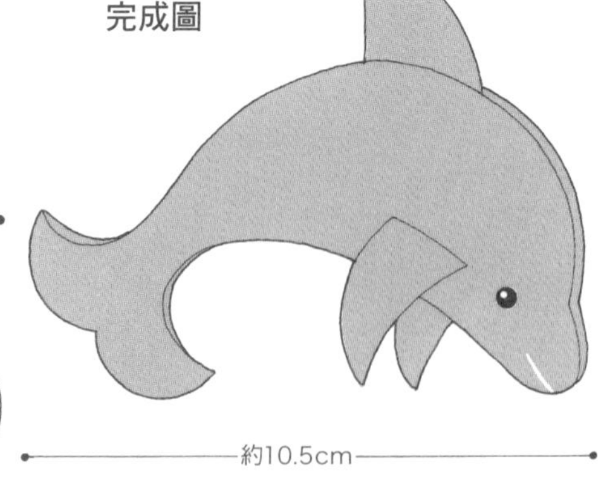

P.22　85小曼波魚　86曼波魚

85材料
不織布
（水藍色）6×5cm
大型圓珠（黑色）2個
25號繡線（白色・粉紅色）
手工藝用棉花　適量

尾鰭組裝於身體。
疊合2片後縫合，
塞入棉花。組裝眼睛。

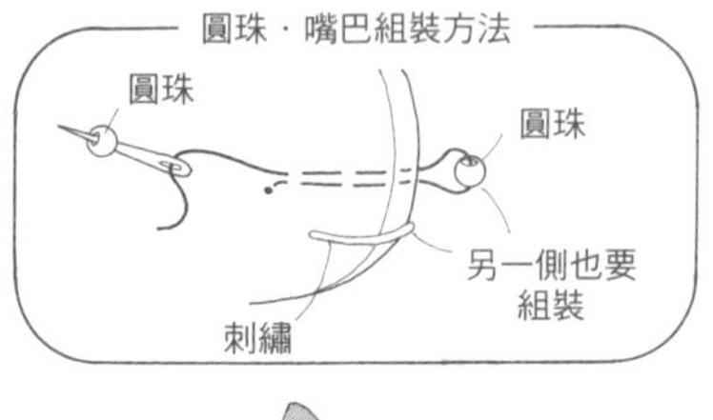

86材料 不織布（白色）9×6cm
（藍色）11×6cm
眼珠鈕釦（直徑3.5mm・黑色）2個
25號繡線（藍色・白色・粉紅色）
手工藝用棉花　適量

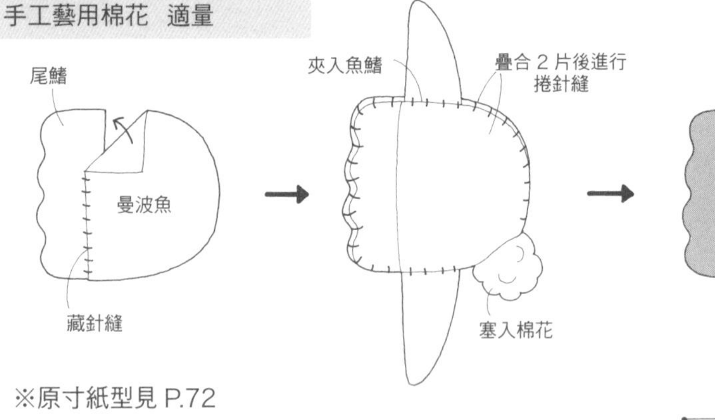

※原寸紙型見 P.72

完成圖

圓珠
刺繡
僅前片進行藏針縫
約 4cm

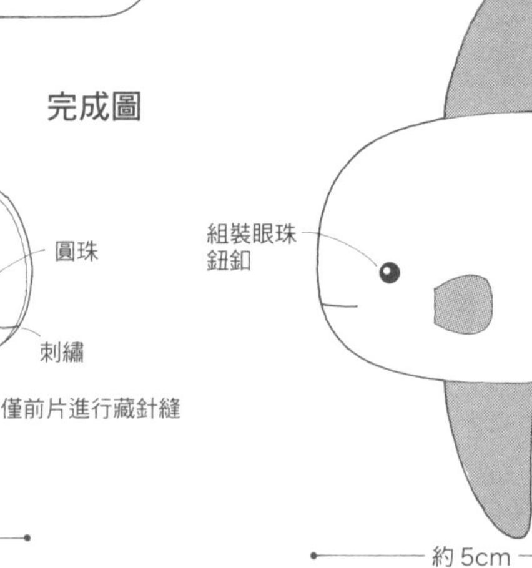

P.23　92　海星

※原寸紙型見 P.72

材料
不織布（黃色）12×6cm
25號繡線（黃色・粉紅色）
珍珠（直徑3mm）2個
手工藝用棉花　適量

疊合２片後縫合，
塞入棉花。
組裝珍珠。

完成圖

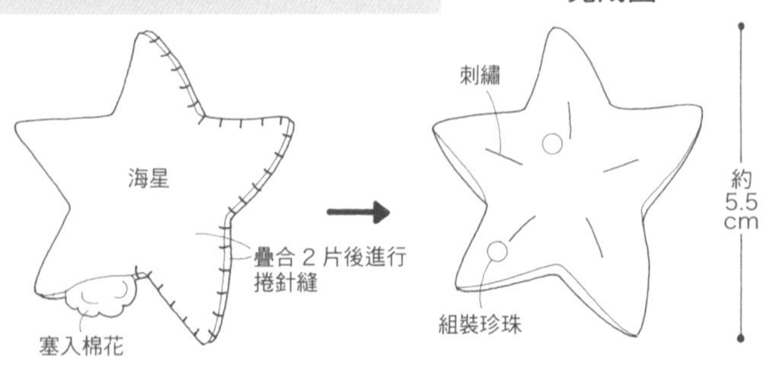

P.23　89　珍珠貝

※原寸紙型見 P.72

材料
不織布（粉紅色）12×5cm
25號繡線（粉紅色・深粉紅色）
珍珠（直徑3mm）1個
手工藝用棉花　適量

作法同海星。

完成圖

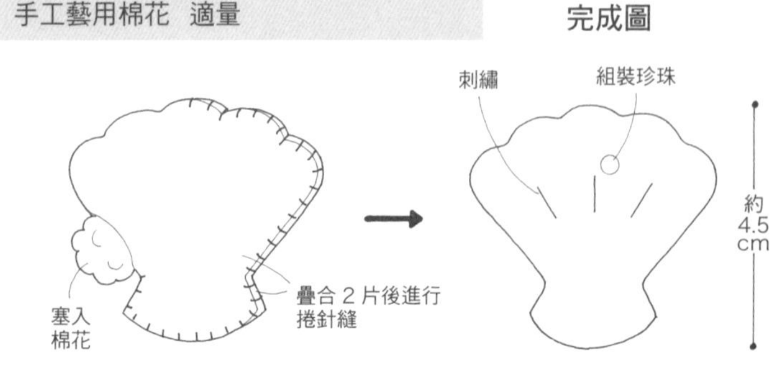

P.23　90　螺旋貝

材料
不織布（薄荷綠色）10×5cm
珍珠（直徑3mm）4個
25號繡線（薄荷綠色）
手工藝用棉花　適量

※原寸紙型見 P.72

疊合 2 片後縫合，塞入棉花。組裝珍珠。

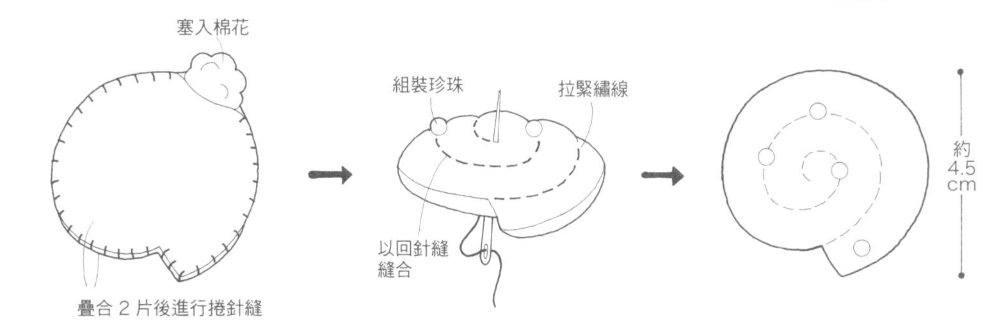

P.23　91　海螺

84材料
不織布（水藍色）8×6cm
　　　（白色）3×2cm
珍珠（直徑3mm）3個
25號繡線（水藍色）
手工藝用棉花　適量

※原寸紙型見 P.72

縫合貝殼1&3，疊放貝殼2後縫合。再與貝殼4縫合後塞入棉花。
組裝珍珠。

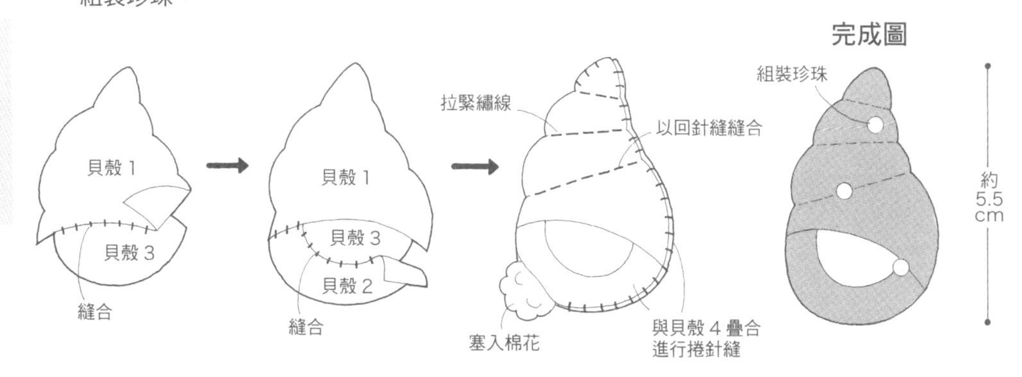

P.23　87企鵝　88企鵝寶寶

87材料
不織布（深藍色）12×10cm
　　　（白色）4×3cm
　　　（黃色）4×3cm
大型圓珠（黑色）2個
25號繡線
（黃色・黑色・白色・深藍色）
手工藝用棉花　適量

88材料
不織布（水藍色）8×8cm
　　　（白色）3×2cm
　　　（黃色）4×3cm
25號繡線
（黃色・黑色・白色・水藍色）
手工藝用棉花　適量

※原寸紙型見 P.72

頭部固定於身體，疊合 2 片後縫合，塞入棉花。
縫上眼睛・腳・嘴形。

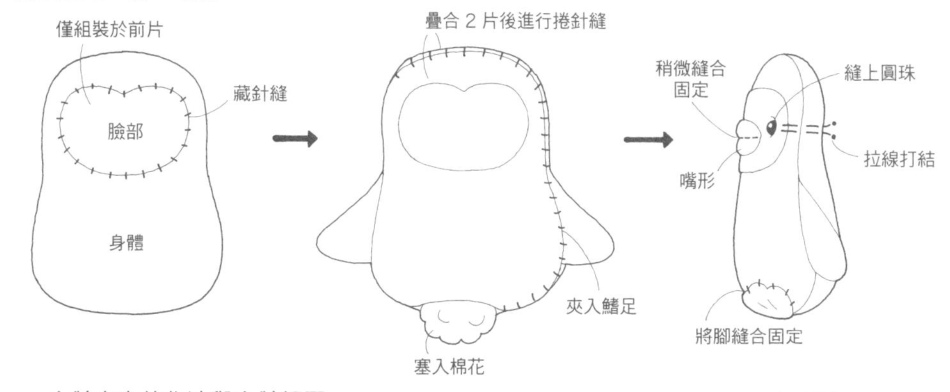

企鵝寶寶的作法與企鵝相同。

完成圖

88

87

約
5.5
cm

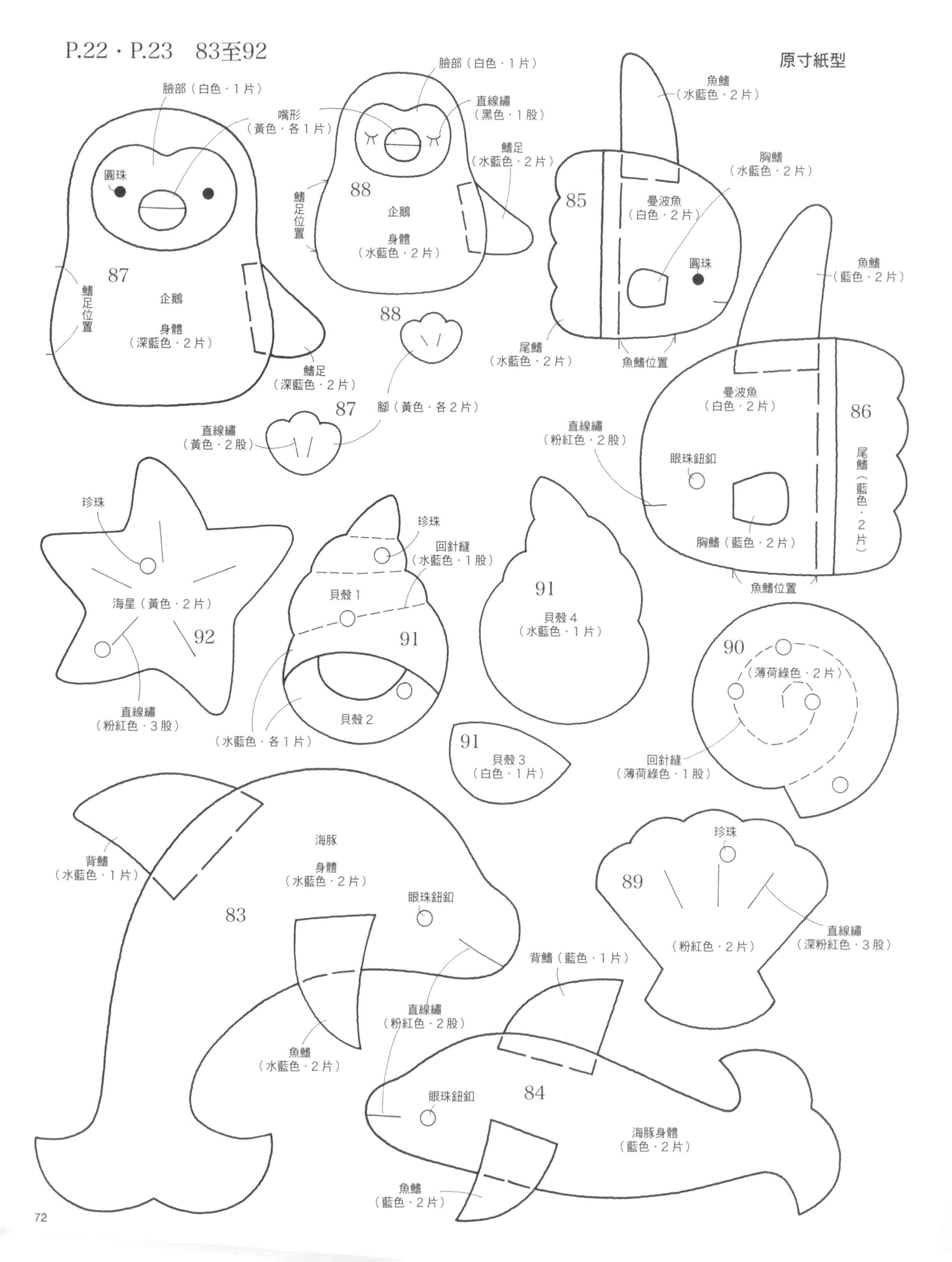
P.22・P.23　83至92
原寸紙型
87
臉部（白色・1片）
嘴形（黃色・各1片）
圓珠
鰭足位置
企鵝
身體（深藍色・2片）
鰭足（深藍色・2片）
88
臉部（白色・1片）
直線繡（黑色・1股）
鰭足（水藍色・2片）
鰭足位置
企鵝
身體（水藍色・2片）
88
87
腳（黃色・各2片）
直線繡（黃色・2股）
85
魚鰭（水藍色・2片）
胸鰭（水藍色・2片）
曼波魚（白色・2片）
圓珠
尾鰭（水藍色・2片）
魚鰭位置
魚鰭（藍色・2片）
86
曼波魚（白色・2片）
直線繡（粉紅色・2股）
眼珠鈕釦
尾鰭（藍色・2片）
胸鰭（藍色・2片）
魚鰭位置
92
珍珠
海星（黃色・2片）
直線繡（粉紅色・3股）
91
珍珠
回針縫（水藍色・1股）
貝殼1
貝殼2
（水藍色・各1片）
91
貝殼4（水藍色・1片）
91
貝殼3（白色・1片）
90
（薄荷綠色・2片）
回針縫（薄荷綠色・1股）
83
背鰭（水藍色・1片）
海豚
身體（水藍色・2片）
眼珠鈕釦
直線繡（粉紅色・2股）
魚鰭（水藍色・2片）
89
珍珠
（粉紅色・2片）
直線繡（深粉紅色・3股）
84
背鰭（藍色・1片）
眼珠鈕釦
海豚身體（藍色・2片）
魚鰭（藍色・2片）

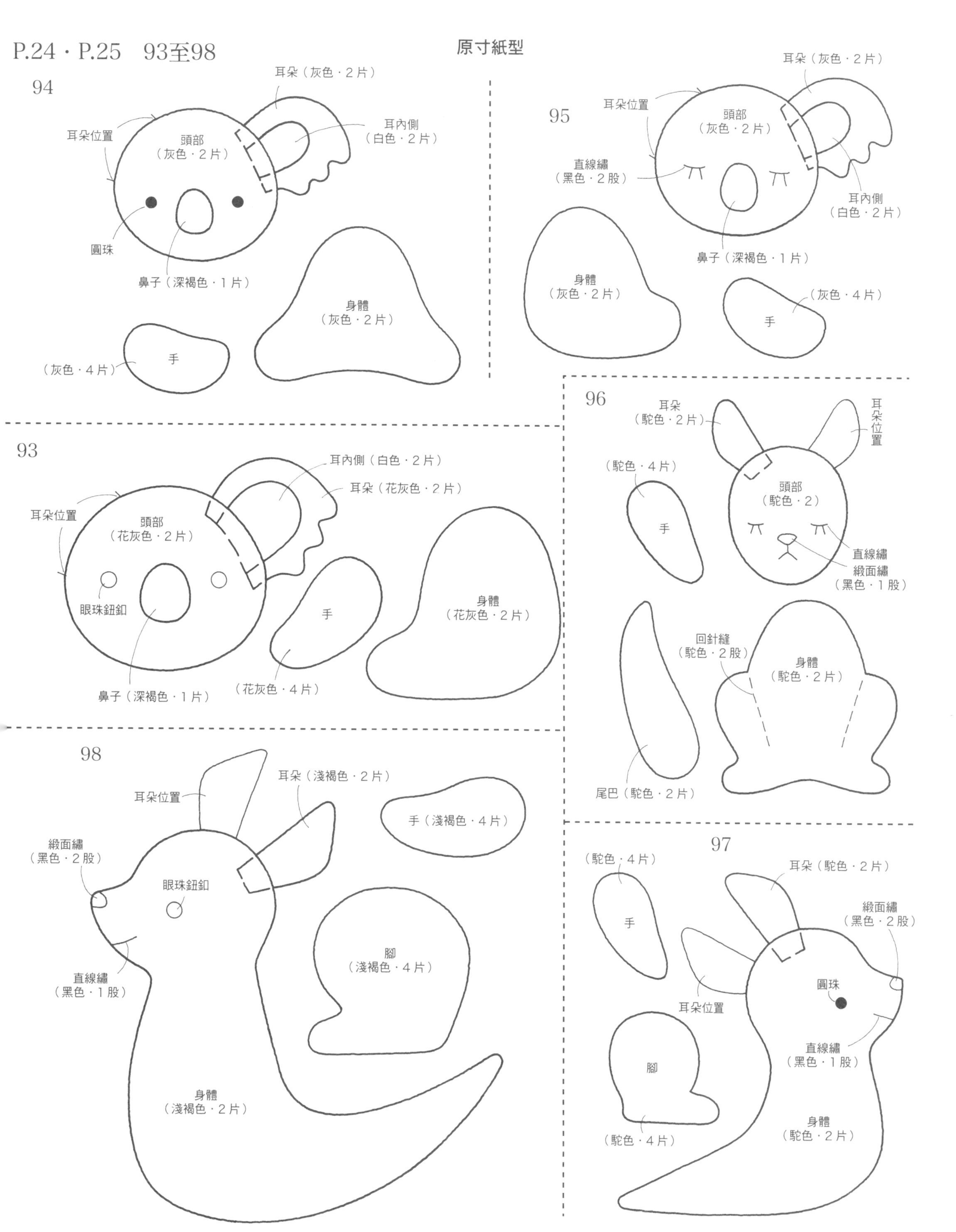

P.24・P.25　93至98
原寸紙型
94
耳朵（灰色・2片）
耳朵位置
頭部
（灰色・2片）
耳內側
（白色・2片）
圓珠
鼻子（深褐色・1片）
身體
（灰色・2片）
手
（灰色・4片）
95
耳朵（灰色・2片）
耳朵位置
頭部
（灰色・2片）
直線繡
（黑色・2股）
耳內側
（白色・2片）
鼻子（深褐色・1片）
身體
（灰色・2片）
（灰色・4片）
手
96
耳朵
（駝色・2片）
耳朵位置
（駝色・4片）
頭部
（駝色・2）
手
直線繡
緞面繡
（黑色・1股）
回針縫
（駝色・2股）
身體
（駝色・2片）
尾巴（駝色・2片）
93
耳內側（白色・2片）
耳朵（花灰色・2片）
耳朵位置
頭部
（花灰色・2片）
眼珠鈕釦
手
身體
（花灰色・2片）
鼻子（深褐色・1片）
（花灰色・4片）
98
耳朵（淺褐色・2片）
耳朵位置
手（淺褐色・4片）
緞面繡
（黑色・2股）
眼珠鈕釦
腳
（淺褐色・4片）
直線繡
（黑色・1股）
身體
（淺褐色・2片）
97
（駝色・4片）
耳朵（駝色・2片）
緞面繡
（黑色・2股）
手
圓珠
耳朵位置
直線繡
（黑色・1股）
腳
身體
（駝色・2片）
（駝色・4片）

P.24　93至95　無尾熊

93材料
不織布（花灰色）15×12cm
（深褐色）1×2cm
（白色）4×2cm
眼珠鈕釦（直徑3.5mm・黑色）2個
25號繡線（與不織布同色）
手工藝用棉花　適量

94材料
不織布（灰色）20×7cm
（深褐色）1×2cm
（白色）3×2cm
大型圓珠（黑色）2個
25號繡線（與不織布同色）
手工藝用棉花　適量

95材料
不織布（灰色）18×7cm
（深褐色）3×2cm
（白色）1×2cm
25號繡線（與不織布同色・黑色）
手工藝用棉花　適量

※眼珠鈕釦是先作出眼窩後再組裝，見 P.70 曼波魚。
※原寸紙型見 P.73
※插入式眼珠以錐子開孔後，釘腳塗接著劑後黏牢。

93

1 **縫製耳朵，夾入臉部後縫合。塞入棉花。裝上眼睛。**

2 **縫製手&身體。頭部&手縫合固定於身體。**

藏針縫
耳朵
耳內側
夾入耳朵後縫合
以接著劑黏貼鼻子
頭部
組裝眼珠鈕釦
疊合２片進行捲針縫
塞入棉花
×2 個
手
塞入棉花
身體

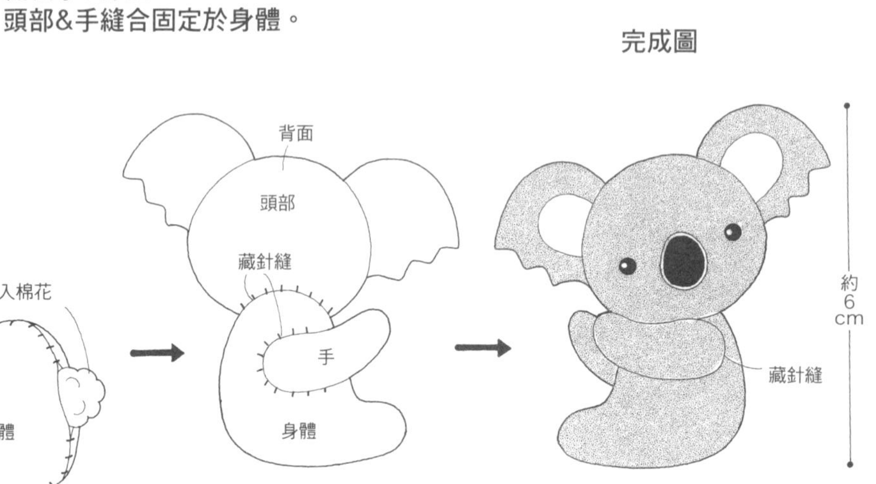

94

1 **縫製耳朵，夾入臉部後縫合。塞入棉花。裝上眼睛。**

2 **縫製手&身體。頭部&手縫合固定於身體。**

完成圖

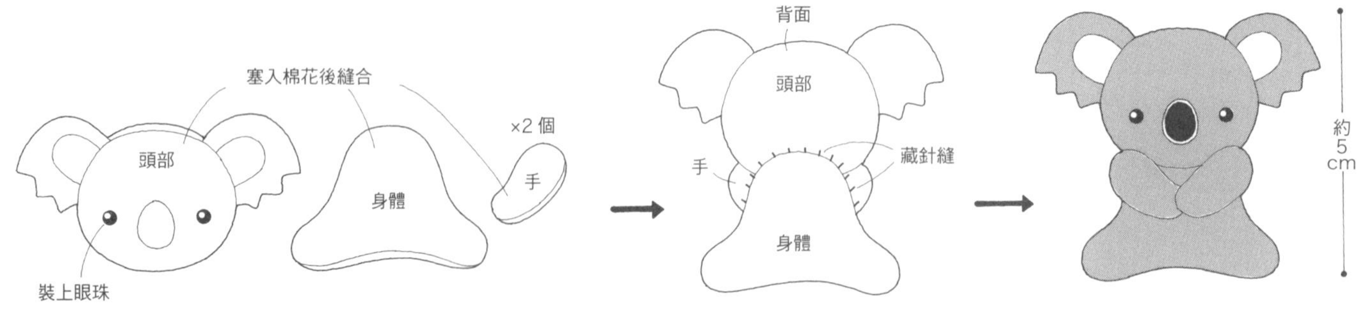

95

1 **縫製耳朵，夾入臉部後縫合。塞入棉花。組裝眼睛。**

2 **縫製手&身體。頭部&手縫合固定於身體。**

完成圖

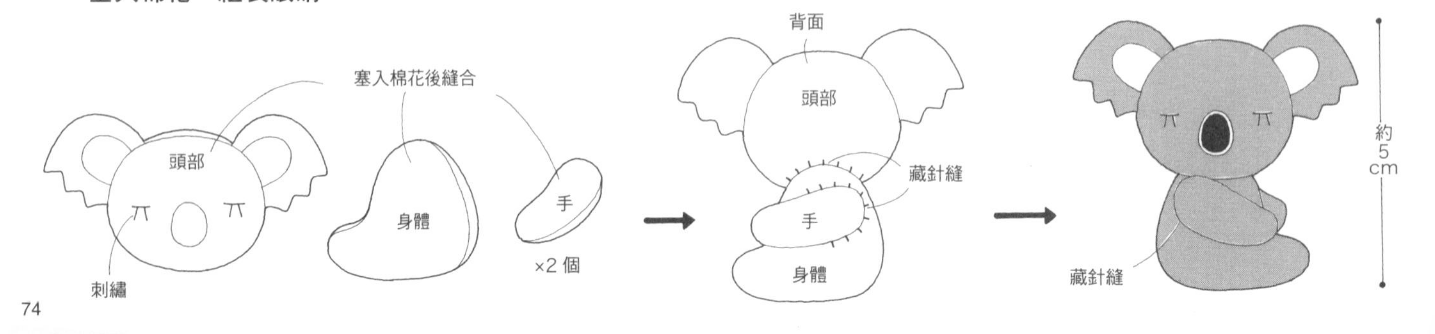

P.25　96至98　袋鼠

96材料
不織布
（駝色）18×9m
25號繡線（駝色・黑色）
手工藝用棉花　適量

97材料
不織布
（駝色）14×8cm
大型圓珠（黑色）2個
25號繡線（駝色・黑色）
手工藝用棉花　適量

98材料
不織布
（淺褐色）20×11cm
眼珠鈕釦（直徑3.5mm・黑色）2個
25號繡線（淺褐色・黑色）
手工藝用棉花　適量

※眼珠鈕釦是先作出眼窩後再組裝，
見P.70曼波魚。

97

作法同 98。

完成圖

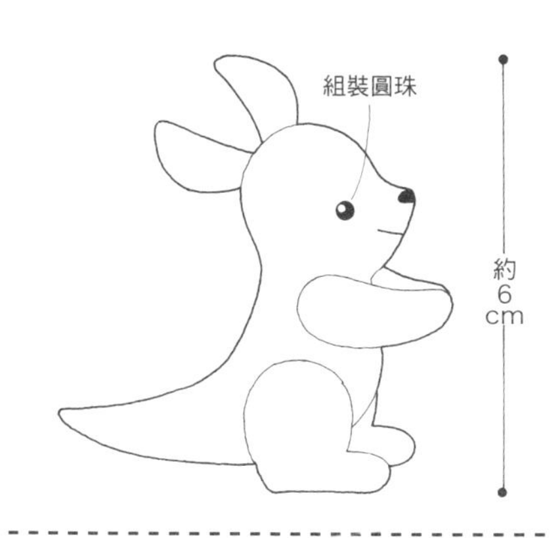

98

1 疊合身體後縫合，塞入棉花。組裝眼睛，進行刺繡。

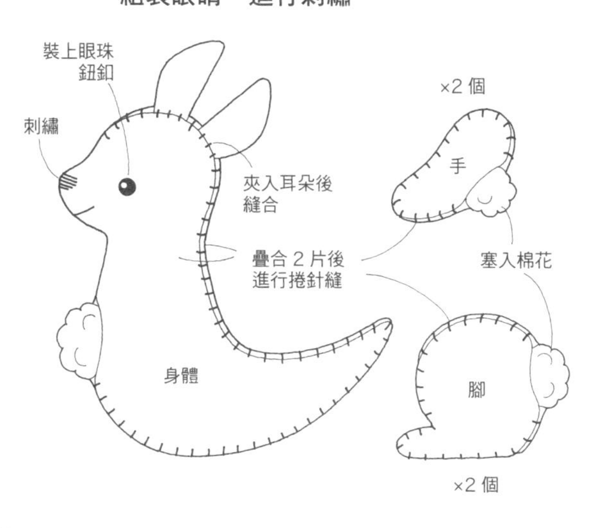

2 縫製手&腳並固定於身體。

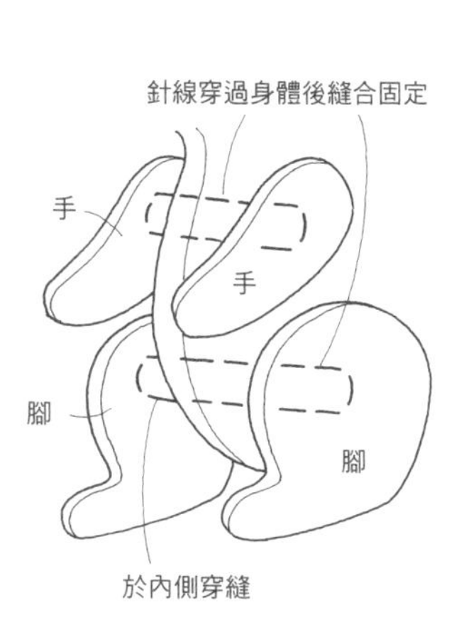

完成圖

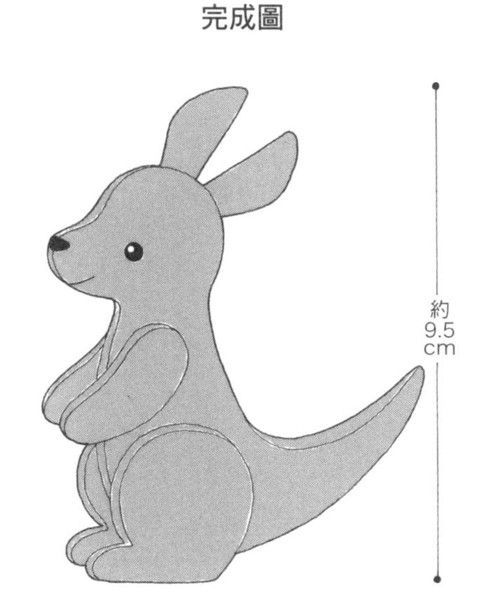

96

1 進行刺繡，縫製頭部後塞入棉花。縫製尾巴。

2 縫製身體，塞入棉花。頭部&尾巴縫合固定於身體。

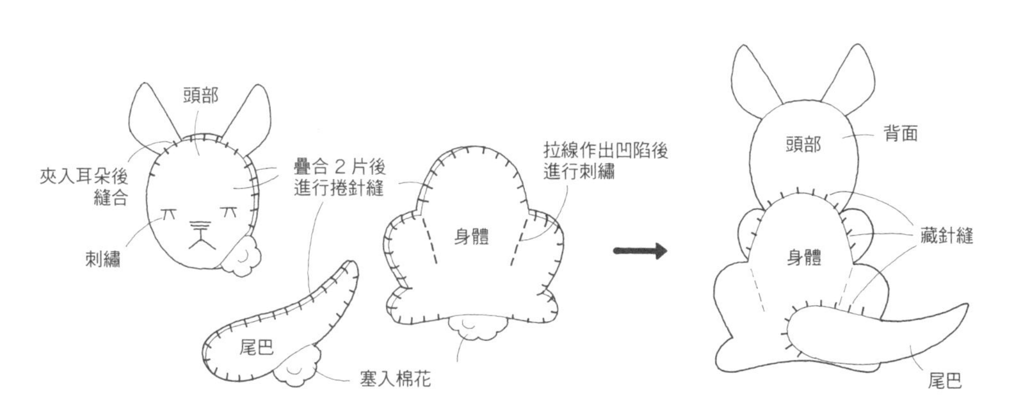

完成圖

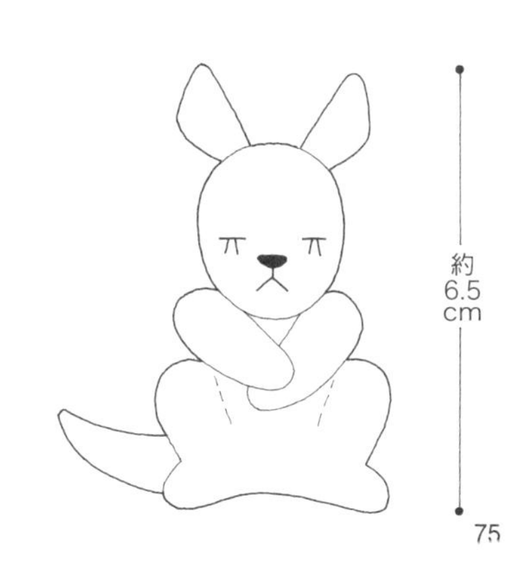

P.26 100 水豚

材料
不織布
（芥末黃色）14×8cm
（粉紅色）2×1cm
（黑色）3×3cm
（橘色）2×2cm
（綠色）1×1cm
圓珠（直徑3mm・黑色）2個
25號繡線
（芥末黃色・黑色・橘色）
手工藝用棉花 適量

1 縫合身體，塞入棉花。
組裝眼睛&手腳。

2 縫製橘子，組裝於頭上。

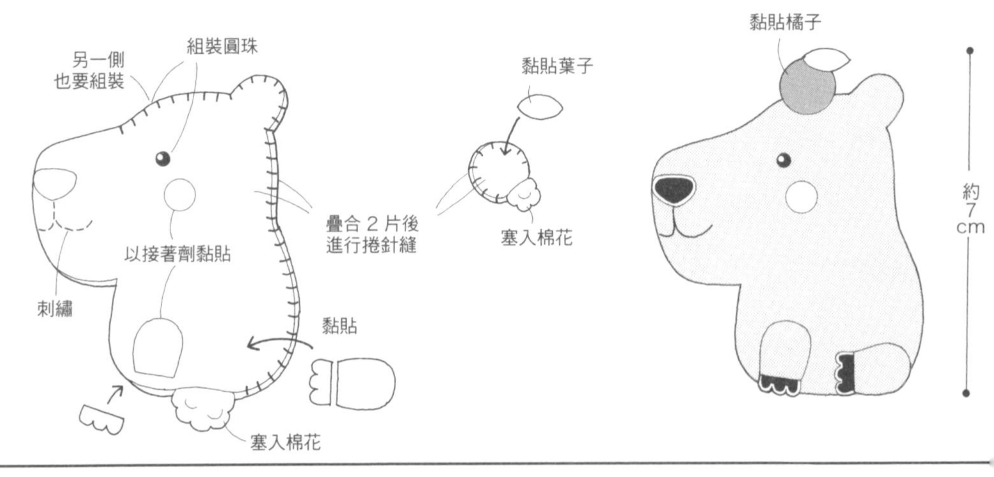

P.26 101・102 水豚

101

材料
不織布
（芥末黃色）15×6cm
（粉紅色）2×1cm
（黑色）2×2cm
圓珠（直徑3mm・黑色）2個
25號繡線（芥末黃色・黑色）
手工藝用棉花 適量

完成圖

另一側也要組裝 組裝圓珠 疊合2片後進行捲針縫 身體 以接著劑黏貼 刺繡 塞入棉花 疊放在腳上黏牢

約4.5cm

102

材料
不織布
（芥末黃色）8×3cm
圓珠（直徑3mm・黑色）2個
25號繡線（芥末黃色・黑色）
手工藝用棉花 適量

縫合2片，塞入棉花。
組裝眼睛。

完成圖

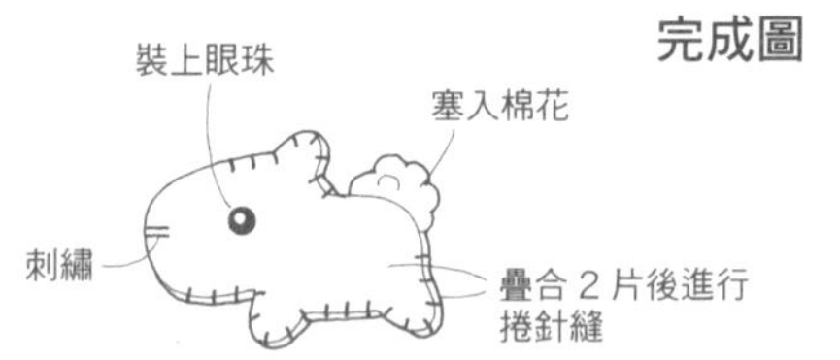

※圓珠是先作出眼窩後再組裝。

原寸紙型

※以2股繡線刺繡

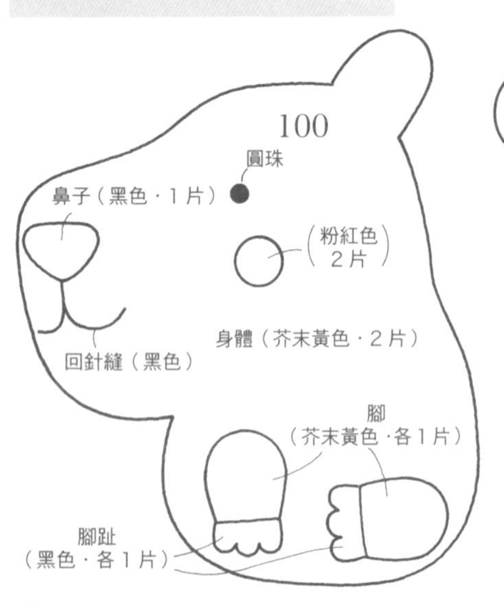

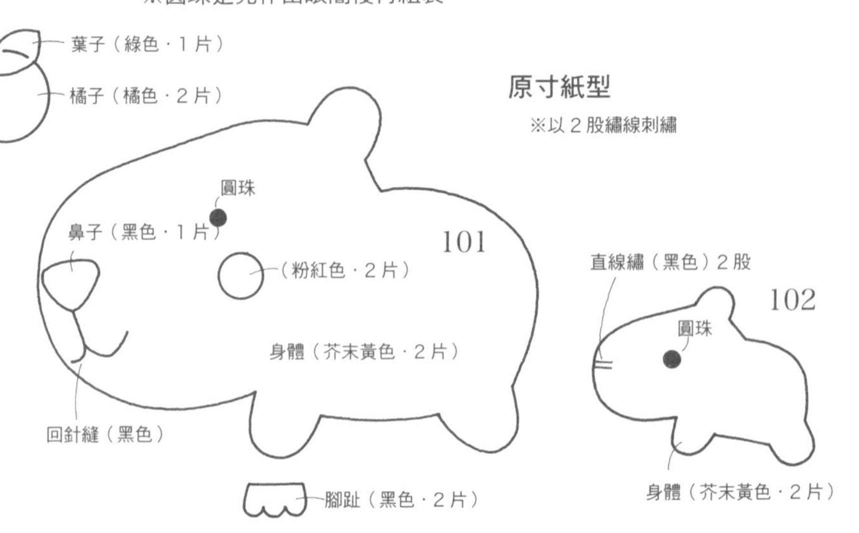

P.26 99 水豚

材料
不織布
（芥末黃色）16×10cm
（粉紅色）2×1cm
（黑色）3×3cm
圓珠（直徑3mm・黑色）2個
25號繡線（芥末黃色・黑色）
手工藝用棉花 適量

※圓珠是先作出眼窩後再組裝。

1 疊合臉部後縫合，塞入棉花。組裝眼珠，進行刺繡。 **2** 縫合身體。

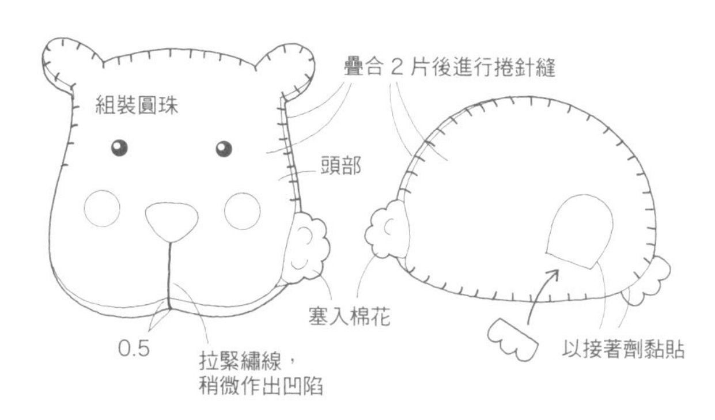

原寸紙型

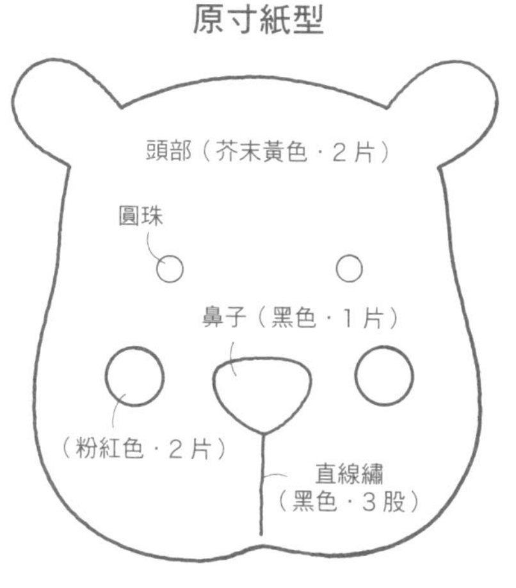

3 頭部縫合固定於身體。

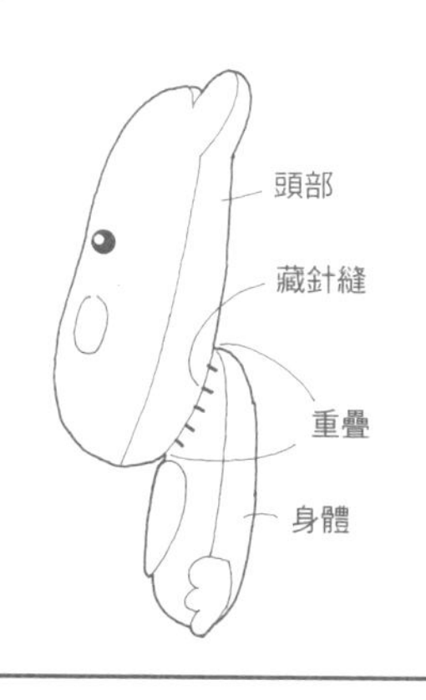

完成圖

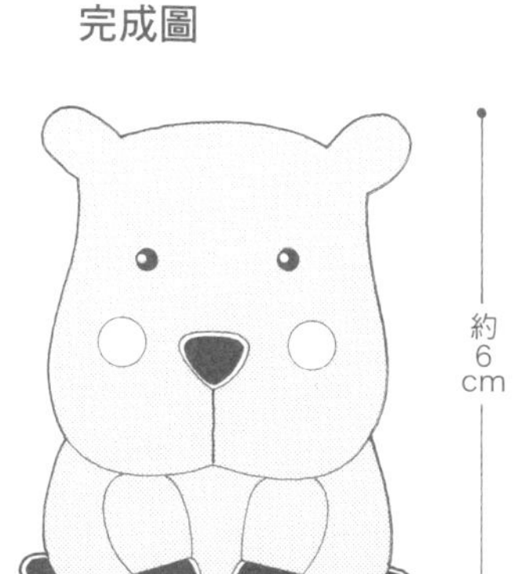

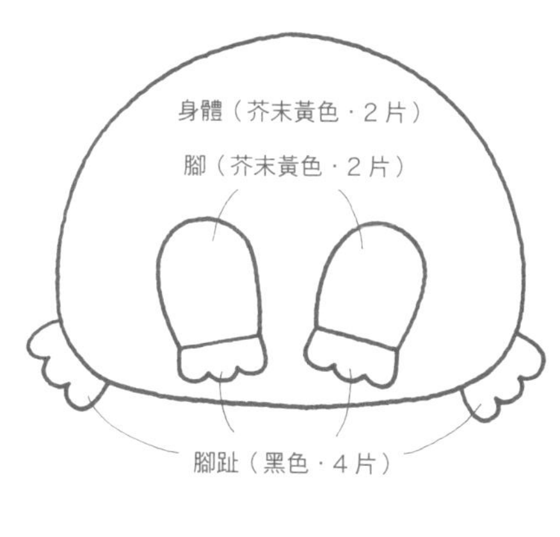

P.27 103 貓熊

材料
不織布（白色）15×10cm
（黑色）10×7cm
圓珠（直徑3mm・黑色）2個
25號繡線（白色・黑色）
手工藝用棉花 適量

※原寸紙型見P.78
※圓珠是先作出眼窩後再組裝。

1 縫製頭部，塞入棉花。裝上眼睛&耳朵。

2 縫製身體，塞入棉花。縫合固定尾巴。

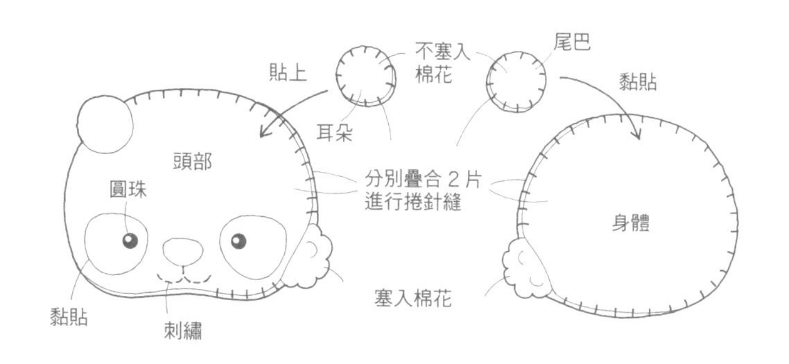

3 縫製手腳，黏貼於頭部背面。

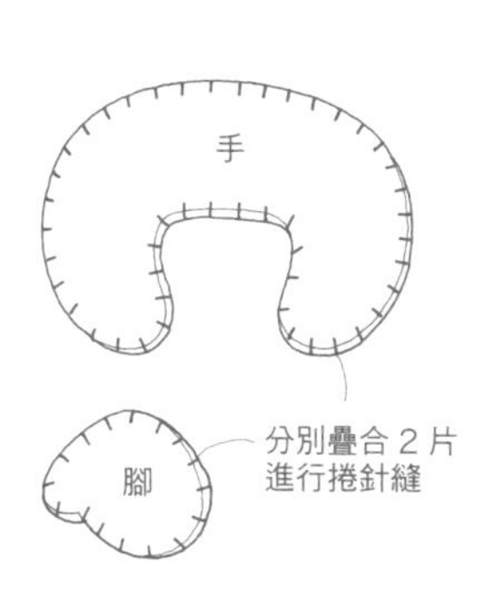

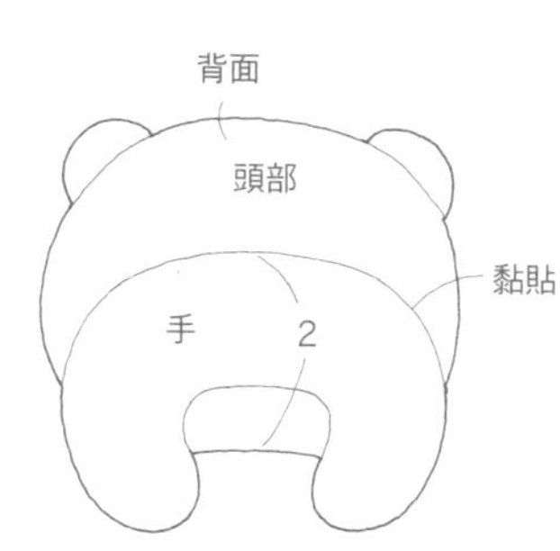

4 將身體&頭部縫合固定。

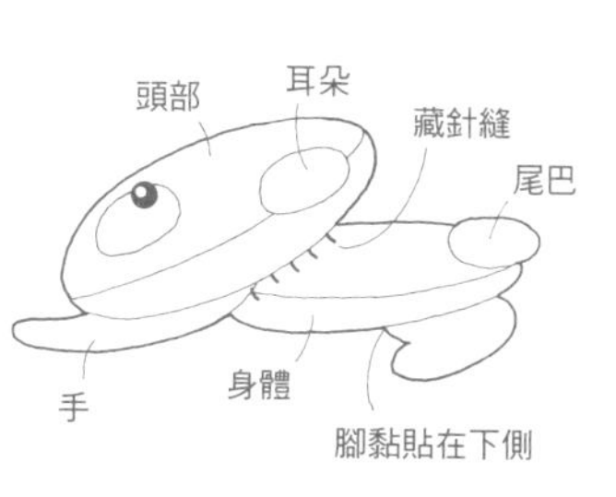

完成圖

P.27　105　貓熊

材料
不織布
（白色）15×10cm
（黑色）8×7cm
（紅色）3×2cm
圓珠（直徑3mm・黑色）2個
25號繡線
（白色・黑色・紅色・深褐色）
手工藝用棉花　適量

※圓珠是先作出眼窩後再組裝。

1 縫製蘋果。

2 分別縫製頭部&身體，塞入棉花。眼睛組裝於頭部。

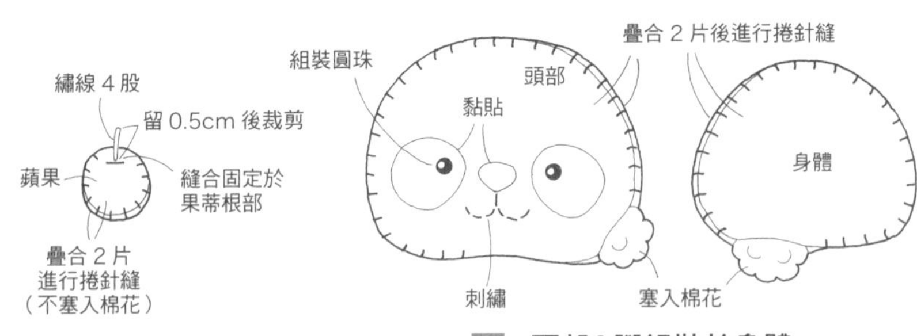

3 縫製手腳・耳朵・尾巴。

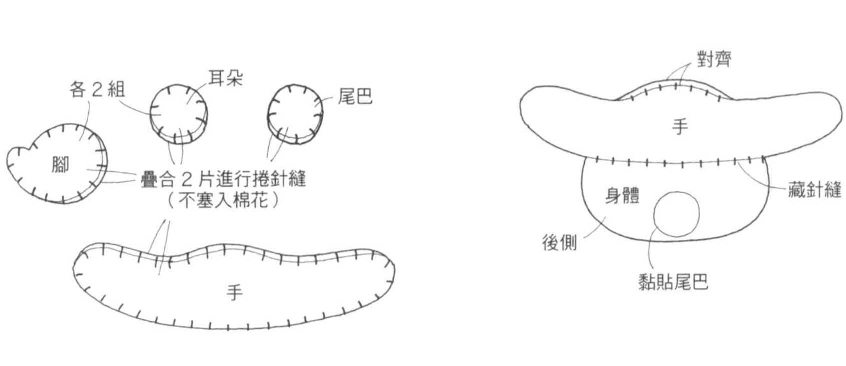

4 手&尾巴縫合固定於身體。

對齊
手
身體
藏針縫
後側
黏貼尾巴

5 頭部&腳組裝於身體。黏貼蘋果，將手往內摺後黏貼。

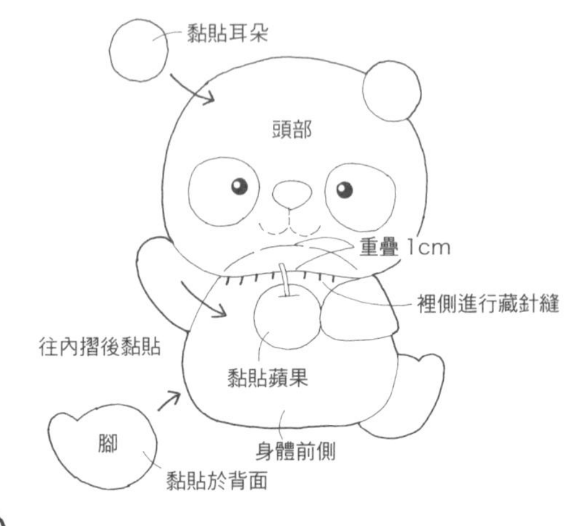

原寸紙型

耳朵（黑色・4片）
頭部（白色・2片）
眼睛（黑色・2片）
鼻子（黑色・1片）
眼珠
回針縫（黑色）
※以2股繡線刺繡

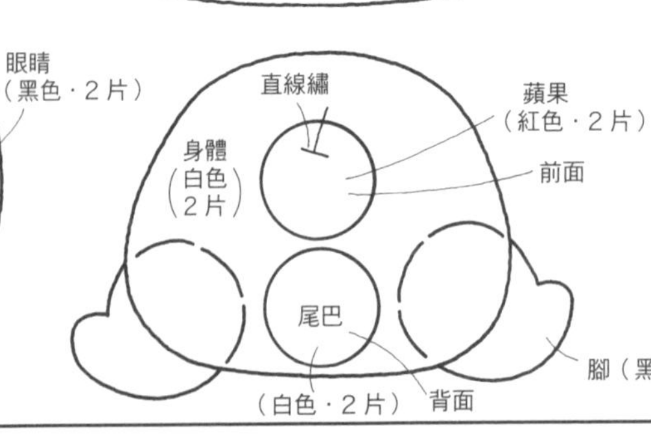

完成圖

約7cm

P.27　103

原寸紙型

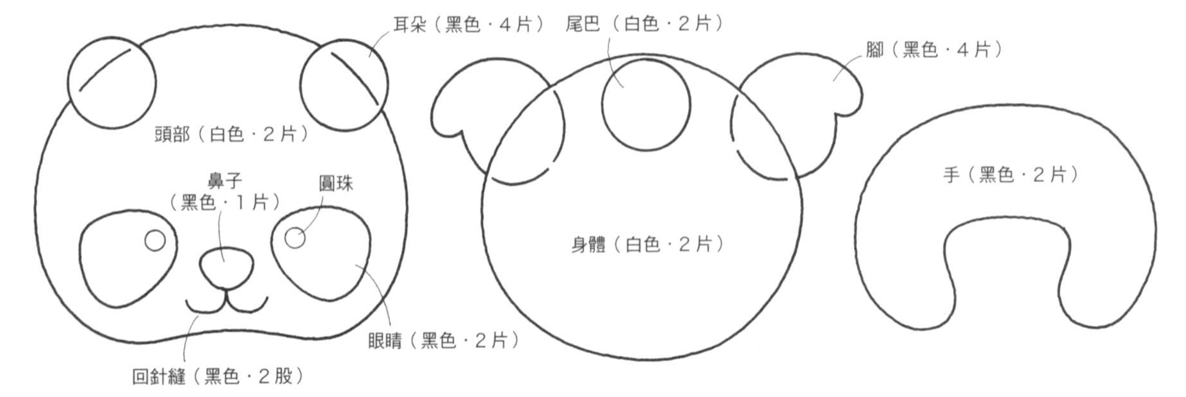

P.27　104　貓熊

材料
不織布
（白色）13×10cm
（黑色）8×8cm
圓珠（直徑3mm・黑色）4個
25號繡線（白色・黑色）
手工藝用棉花　適量

※圓珠是先作出眼窩後再組裝。

1 頭部&身體分別縫合，塞入棉花。眼睛組裝於頭部。

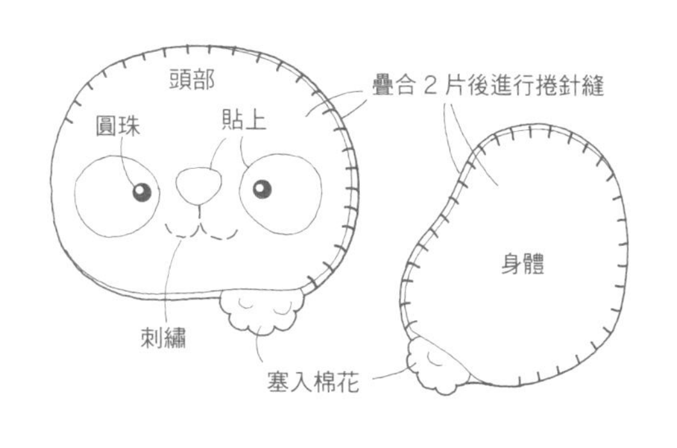

2 縫製手腳・耳朵・尾巴。

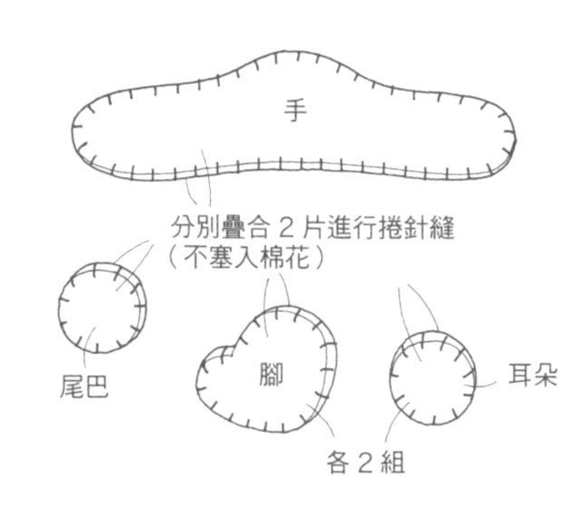

3 身體&頭部縫合固定。

4 手&尾巴縫合固定於身體。

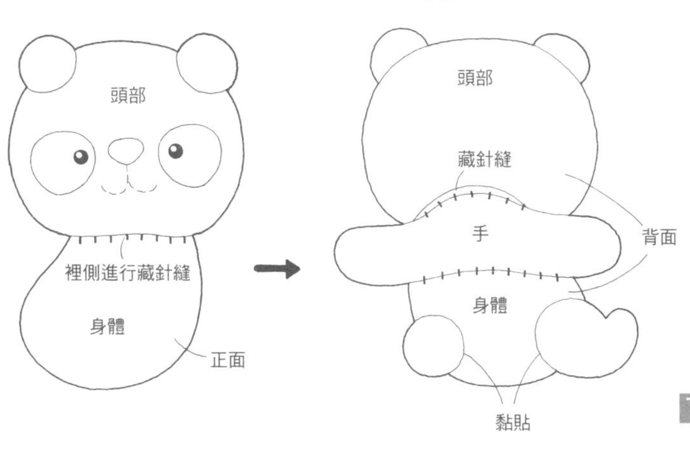

5 縫製貓熊寶寶的頭部&身體，黏貼手腳&耳朵。

6 黏貼各個部件。

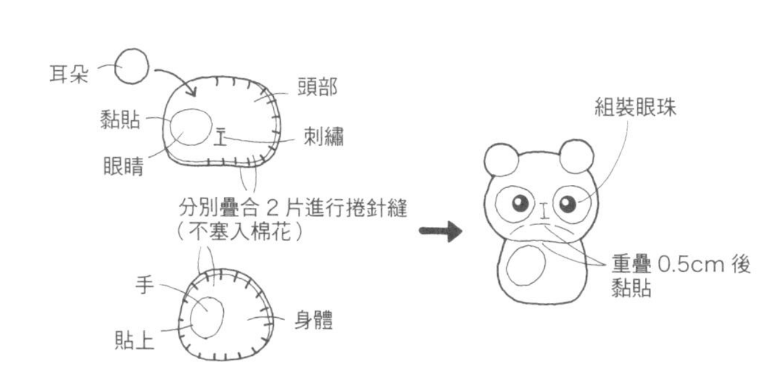

7 貓熊寶寶黏貼在貓熊媽媽身上，最後黏貼熊貓媽媽的手腳。

貓熊寶寶黏貼在
身體上
摺疊後黏貼
黏貼腳部

原寸紙型

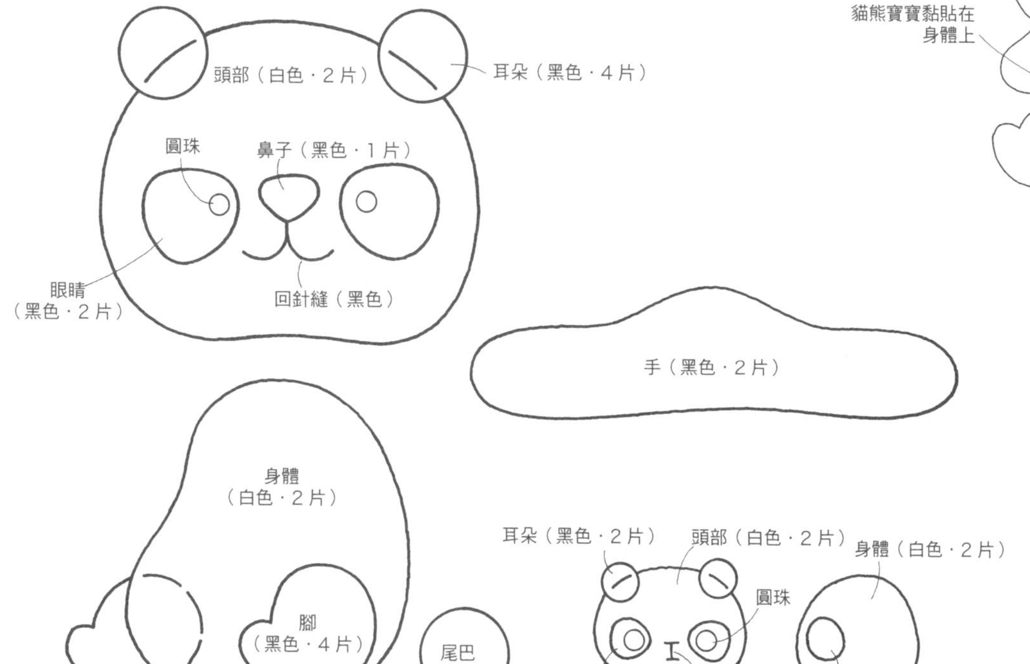

完成圖

約7cm

P.28・P.29　106至115　雞&小雞

106 107材料（2件共用）
不織布
（106白色　107褐色）20×10cm
（紅色）5×2cm　（黃色）2×1cm
（106褐色　107橘色）6×3cm
25號繡線
（與不織布同色・黑色・106為駝色）
手工藝用棉花　適量

108 110 112 113 115材料（1件份量）
不織布（黃色）10×5cm
（橘色）1×1cm
（褐色）3×2cm
25號繡線（黃色・黑色・橘色）
手工藝用棉花　適量

114材料
不織布（白色）10×10cm
（紅色）5×3cm
（黃色）1×2cm
（褐色）4×3cm
25號繡線（白色・紅色・黃色・駝色・黑色
手工藝用棉花　適量

113・115

羽翼&嘴形組裝於身體前片。
與身體後片疊合後縫合，塞入棉花。

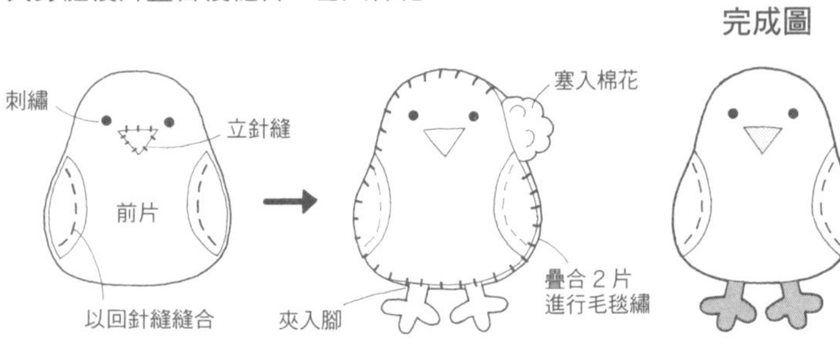

108・110・112

羽翼組裝於身體。疊合2片後縫合，塞入棉花。

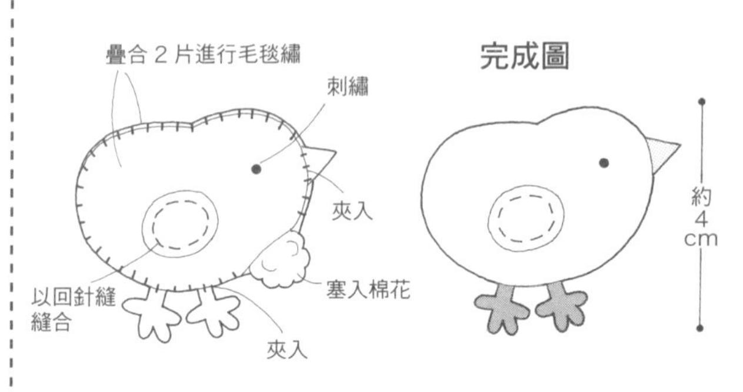

114

羽翼&嘴形組裝於身體前片。與身體後片疊合後縫合，塞入棉花。尾翼縫合固定於身體。

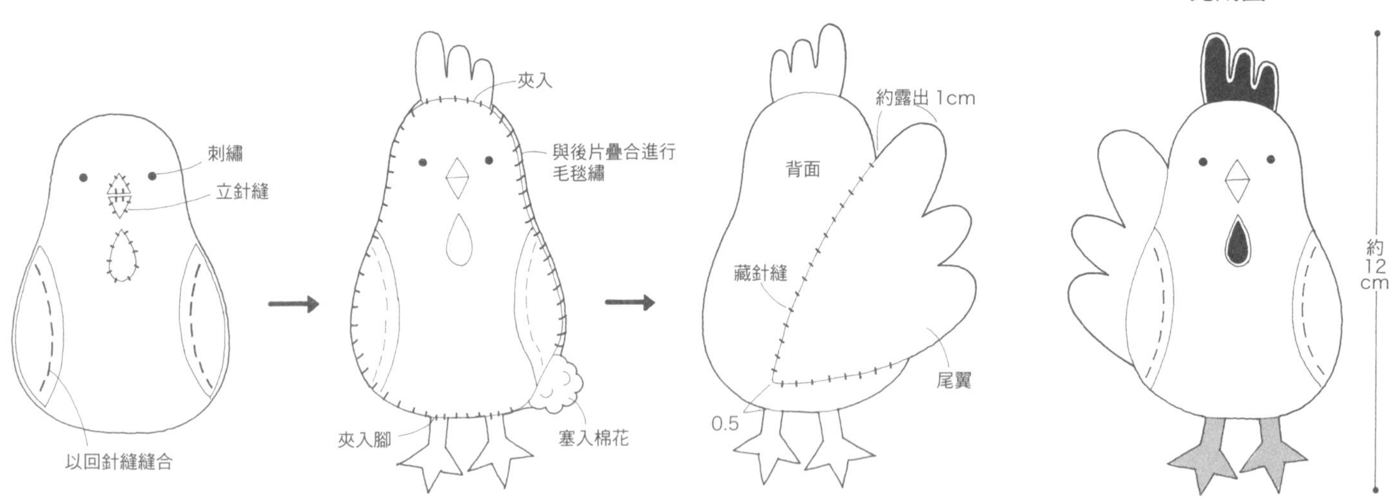

106・107

羽翼組裝於身體。疊合2片身體後縫合，塞入棉花。

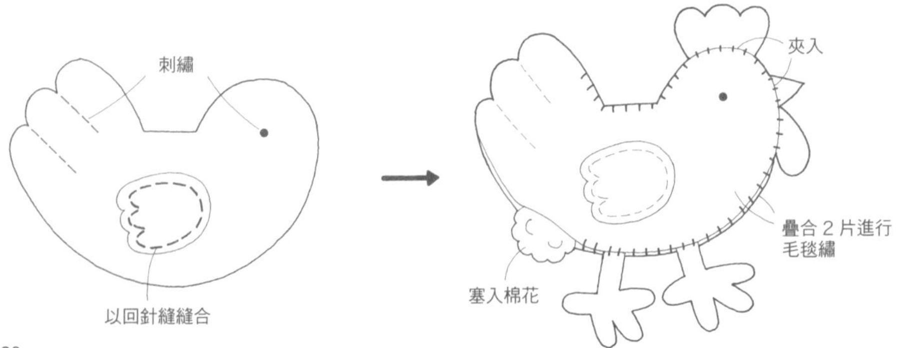

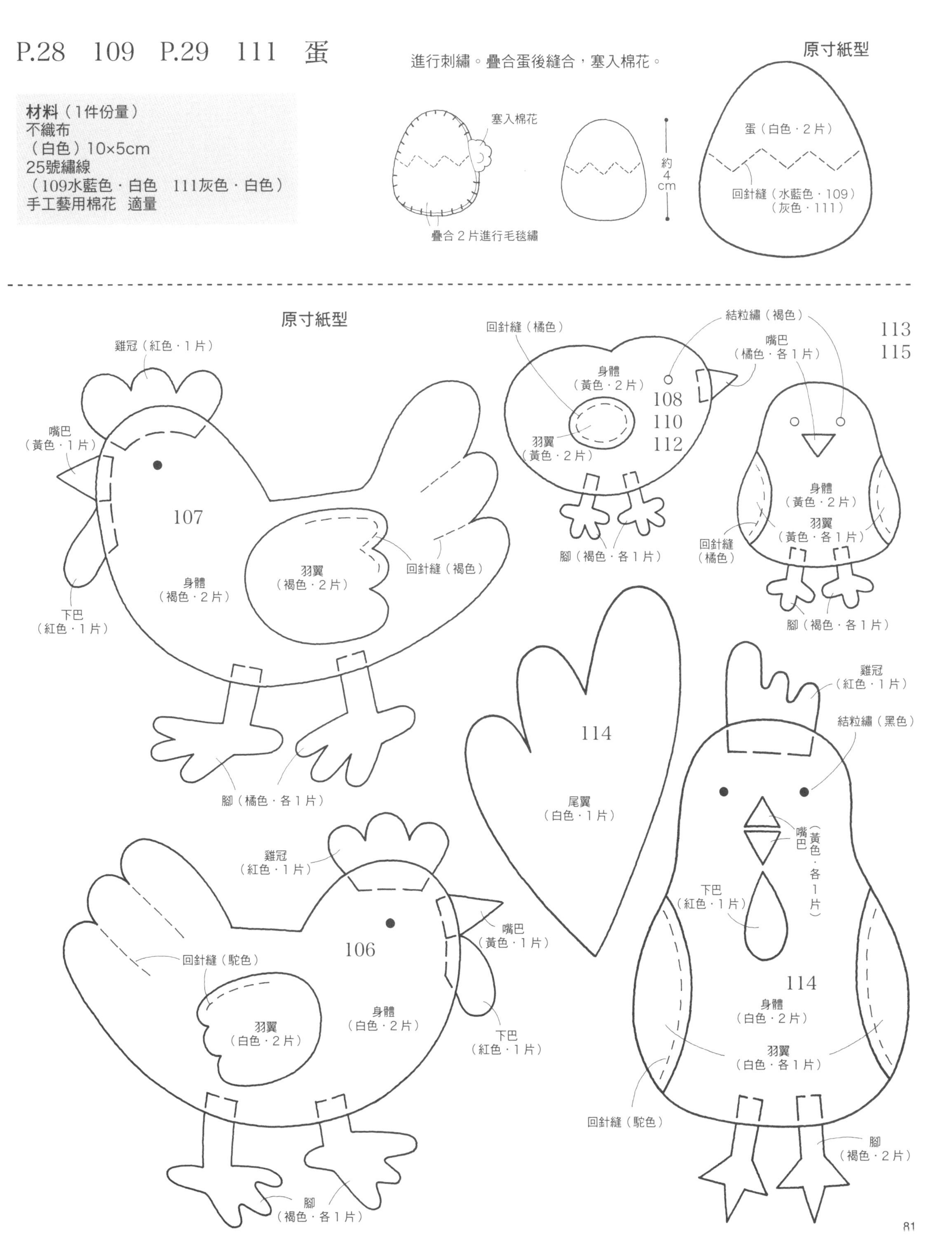

P.28 109 P.29 111 蛋
材料（1件份量）
不織布
（白色）10×5cm
25號繡線
（109水藍色・白色 111灰色・白色）
手工藝用棉花 適量
進行刺繡。疊合蛋後縫合，塞入棉花。
塞入棉花
疊合2片進行毛毯繡
約4cm
原寸紙型
蛋（白色・2片）
回針縫（水藍色・109）
（灰色・111）
原寸紙型
雞冠（紅色・1片）
嘴巴
（黃色・1片）
107
身體
（褐色・2片）
羽翼
（褐色・2片）
回針縫（褐色）
下巴
（紅色・1片）
腳（橘色・各1片）
回針縫（橘色）
身體
（黃色・2片）
108
110
112
羽翼
（黃色・2片）
腳（褐色・各1片）
結粒繡（褐色）
嘴巴
（橘色・各1片）
113
115
身體
（黃色・2片）
羽翼
（黃色・各1片）
回針縫
（橘色）
腳（褐色・各1片）
114
尾翼
（白色・1片）
雞冠
（紅色・1片）
結粒繡（黑色）
嘴巴（黃色・各1片）
下巴
（紅色・1片）
114
身體
（白色・2片）
羽翼
（白色・各1片）
回針縫（駝色）
腳
（褐色・2片）
雞冠
（紅色・1片）
106
回針縫（駝色）
嘴巴
（黃色・1片）
羽翼
（白色・2片）
身體
（白色・2片）
下巴
（紅色・1片）
腳
（褐色・各1片）
81

P.30　118・119　餅乾

材料（2件共用）
不織布
（118深褐色　119蛋黃色）18×12cm
（118白色　119淺褐色）6×6cm
25號繡線
（118.駝色・米白色・119駝色）
手工藝用棉花　適量

疊合3片餅乾後縫合。中間夾入奶油後縫合。

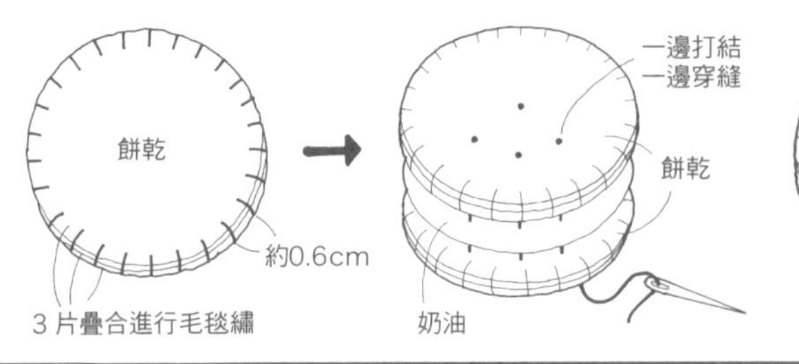

完成圖

約5.5cm

P.30　120至122　甜甜圈

材料（3件共用）
不織布
（120至122褐色）20×18cm
（120粉紅色 121深褐色 122白色）15×10cm
（120紅色 121蛋黃色 122粉紅色）5×5cm
25號繡線（與不織布同色）
手工藝用棉花　適量

巧克力顆粒固定於甜甜圈上。疊合2組後縫合，塞入棉花。

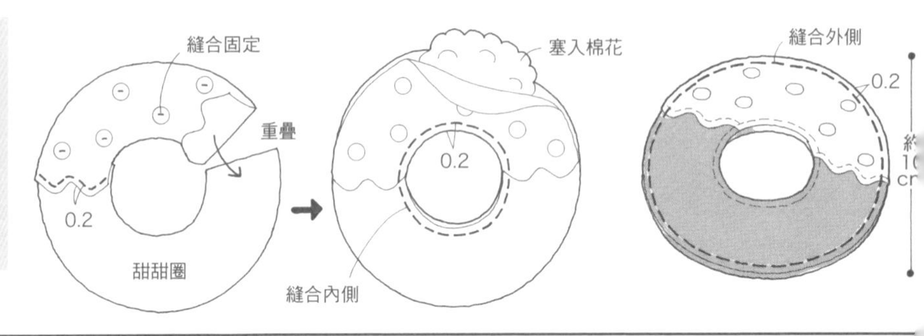

P.30　116　鬆餅

材料
不織布
（淺褐色）20×20cm 3片
（蛋黃色）20×20cm & 10×10cm
（褐色）6×6cm
25號繡線（與不織布同色）
寬1cm的蕾絲12cm
手工藝用棉花 適量　繩子35cm

糖漿＆奶油縫合固定於鬆餅上。縫合3片後塞入棉花。
製作3個後，穿入繩子。

完成圖

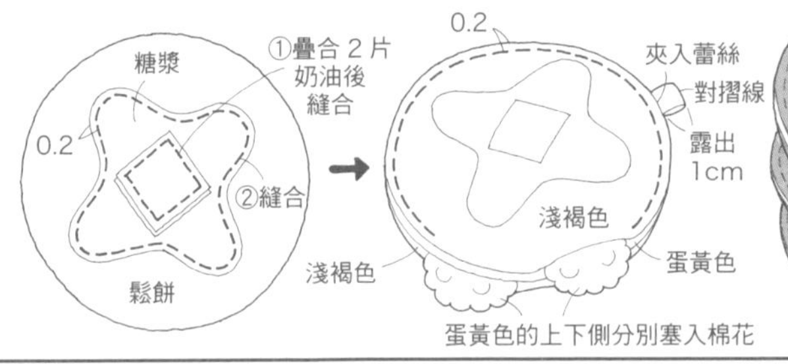

約10cm

穿繩

無糖漿

P.30　117　千層派

材料
不織布
（駝色）20×20cm
（蛋黃色）8×12cm
（白色）16×2cm
（紅色）8×4cm
（黃綠色）5×3cm
25號繡線
（與不織布同色・粉紅色）
手工藝用棉花　適量

1　疊合千層派後縫合。

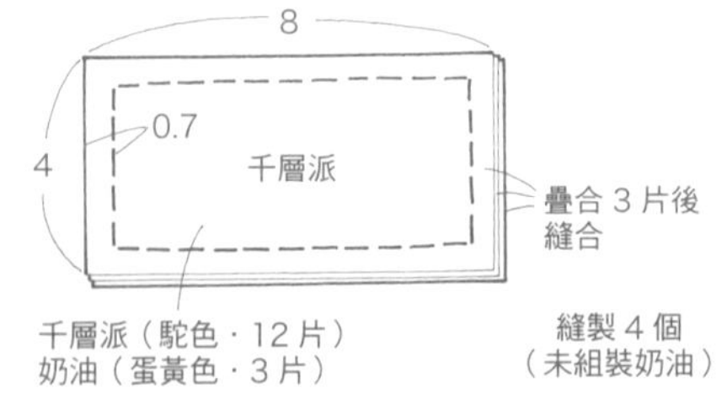

2　縫製鮮奶油，拉緊繡線。

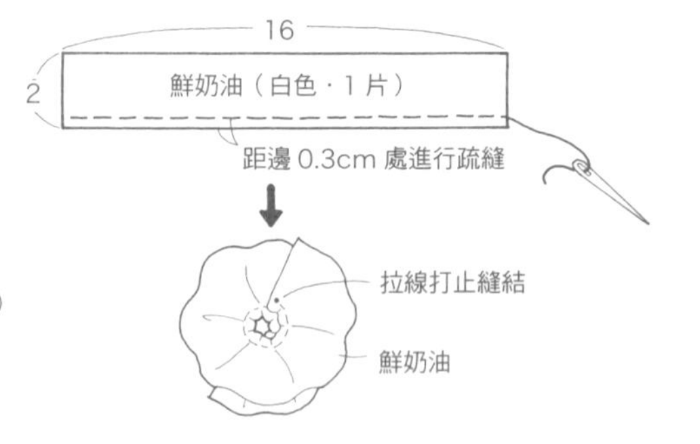

4　層層交疊後縫合，組裝鮮奶油&草莓。

3　縫製草莓，塞入棉花。組裝果蒂。

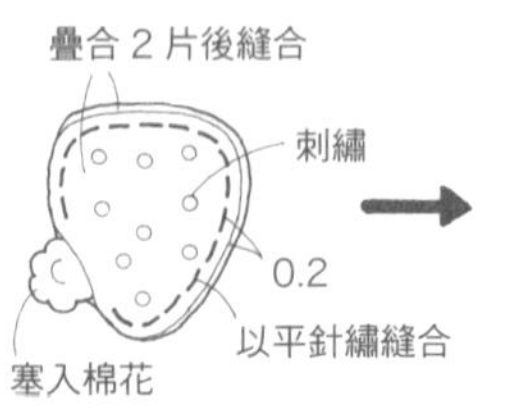

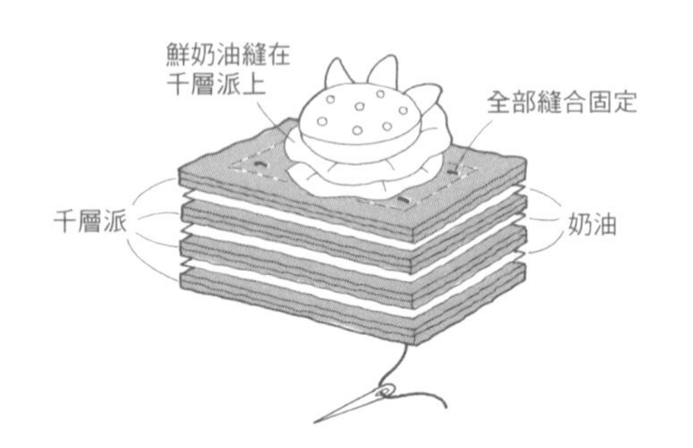

完成圖

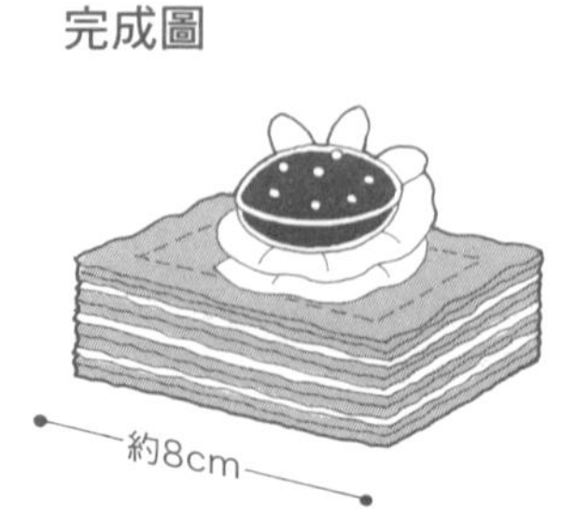

原寸紙型

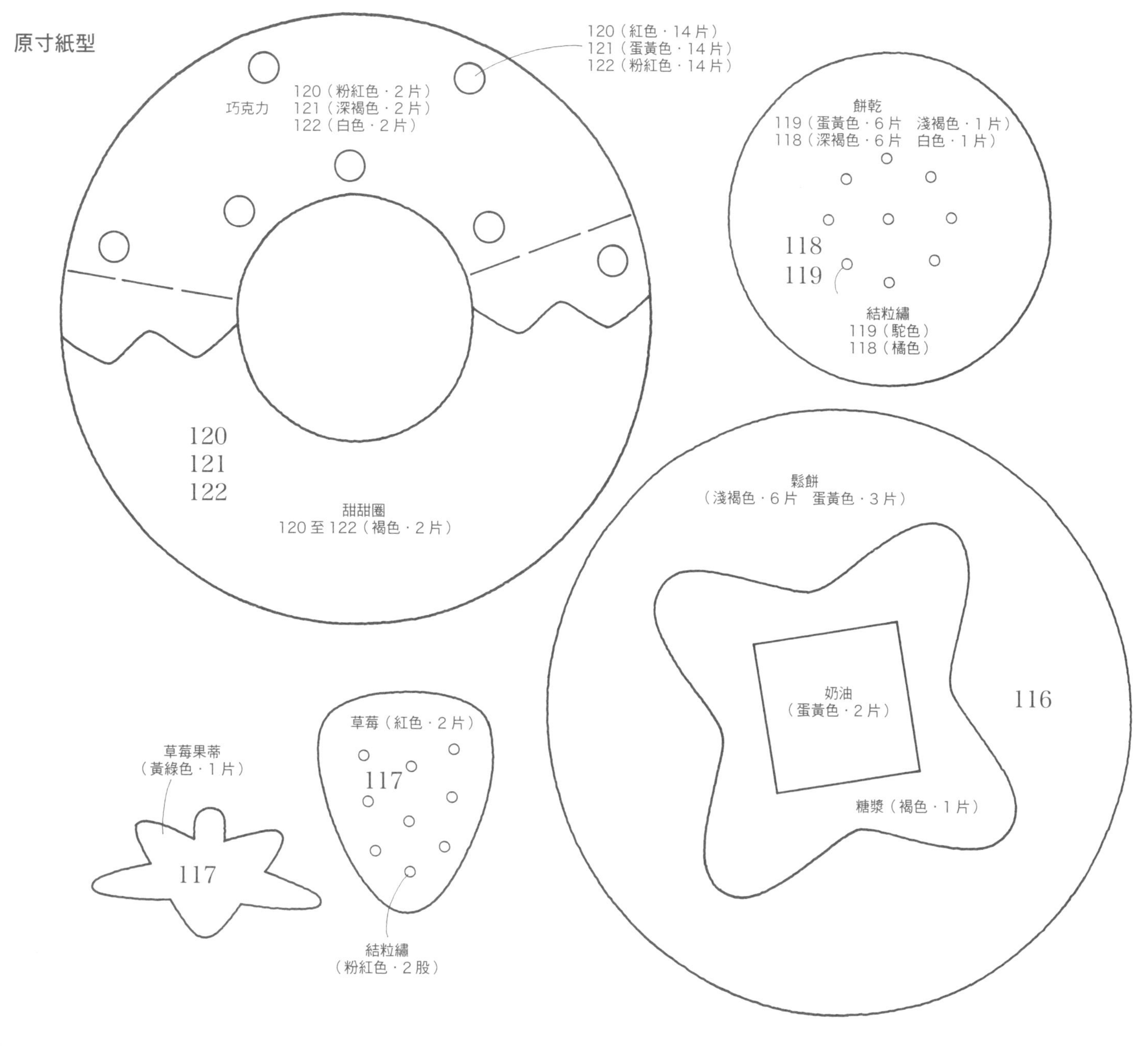

P.31 131 橘子

材料
不織布
（橘色）16×8cm
（檸檬黃色）4×7cm
（黃色）4×7cm
（黃綠色）2×2cm
25號繡線
（與不織布同色）
手工藝用棉花 適量

※原寸紙型見 P.85

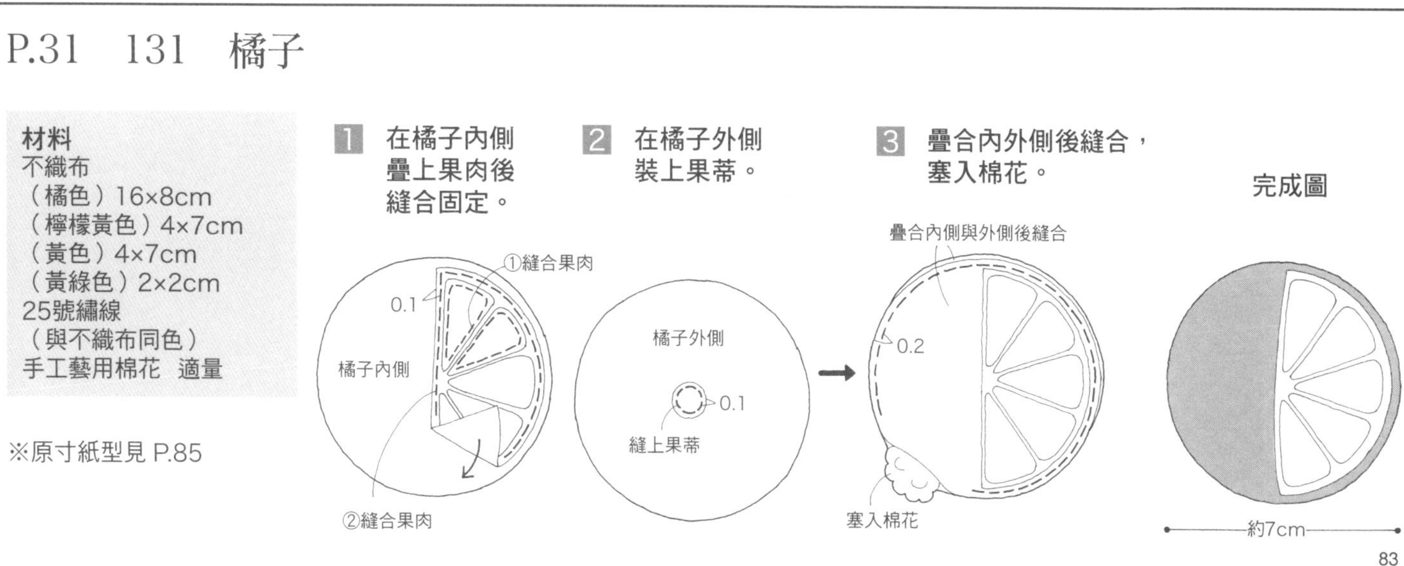

P.31 126至128 草莓

材料（1件份量）
不織布
（126粉紅色 127淺粉紅色
128紅色）各10×6cm
（蛋黃色）4×3cm
（黃綠色）8×8cm
25號繡線（與不織布同色）
手工藝用棉花 適量

草莓上縫上種子＆果蒂。疊合2片後縫合，塞入棉花。

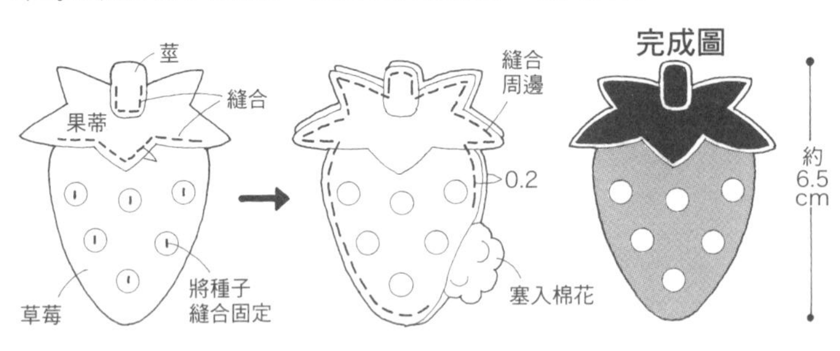

125 草莓花

材料（1件份量）
不織布
（白色）9×3cm
（黃色）3×1cm
25號繡線（黃色）

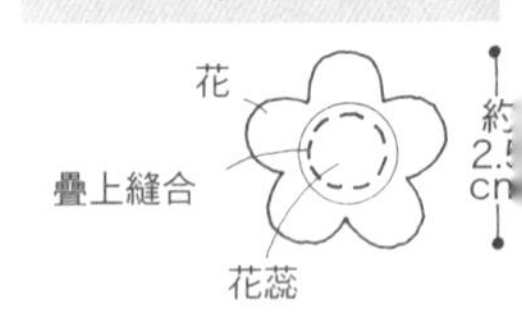

P.31 123 葡萄

材料
不織布
（紫色）20×13cm
（深紫色）6×6cm
（褐色）6×6cm
25號繡線
（紫色・褐色）
手工藝用棉花 適量

1 底布依數字順序縫上果實，加上藤莖。

2 與另一片底布縫合，塞入棉花。

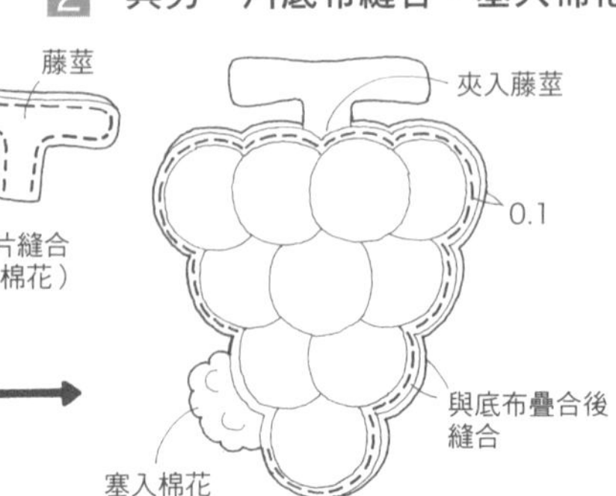

完成圖

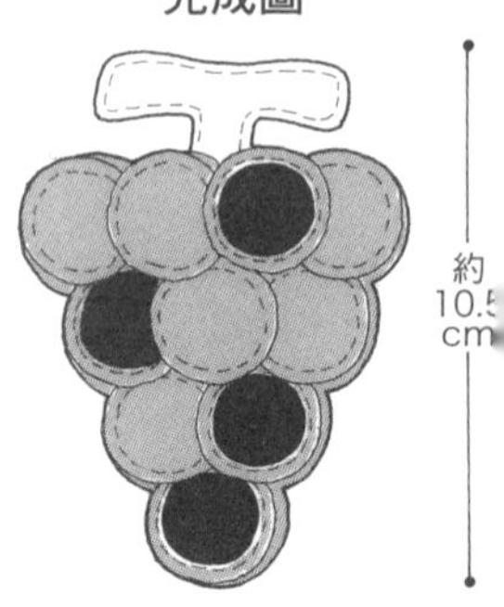

P.31 124 香蕉

材料
不織布
（蛋黃色）184×11cm
（水藍色）2×1cm
25號繡線（蛋黃色・白色）
手工藝用棉花 適量

依香蕉1、2、3的順序疊合後縫合。再與另一片3疊合後縫合，塞入棉花。

縫合固定
縫上飾片
香蕉2
0.2
疊放
香蕉1
對齊
縫合
香蕉3
縫合內側
0.2
疊放
完成圖
0.2
香蕉3
縫合
塞入棉花
約
8.5
cm

P.31 130 蘋果

材料
不織布（紅色）16×7cm
（檸檬黃色）4×6cm
（深褐色）2×6cm
（綠色）3×4cm
25號繡線（與不織布同色）
手工藝用棉花 適量

1 縫合蘋果內側。

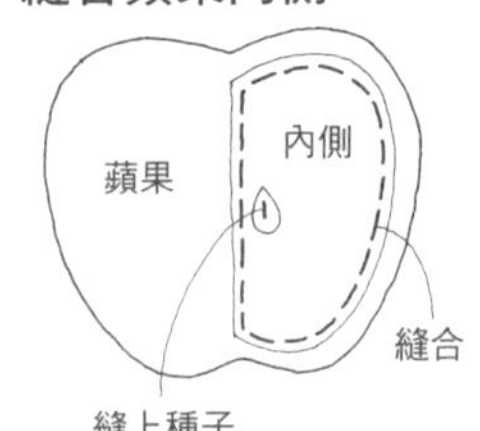

2 與另一片的蘋果疊合後縫合，塞入棉花。

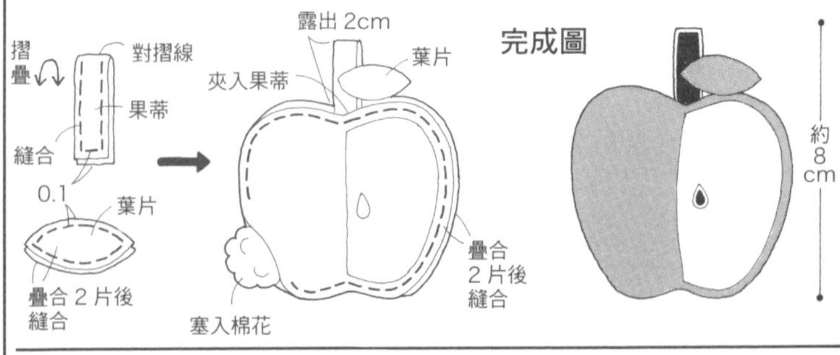

P.31 129 西洋梨

材料
不織布
（黃綠色）16×10cm
（檸檬黃色）4×9cm
（深褐色）4×7cm
（綠色）3×4cm
25號繡線
（與不織布同色）
手工藝用棉花 適量

作法同蘋果。

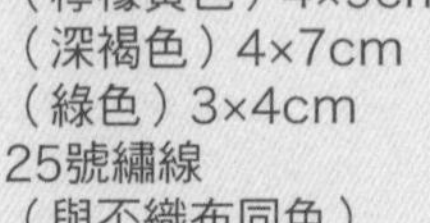

完成圖

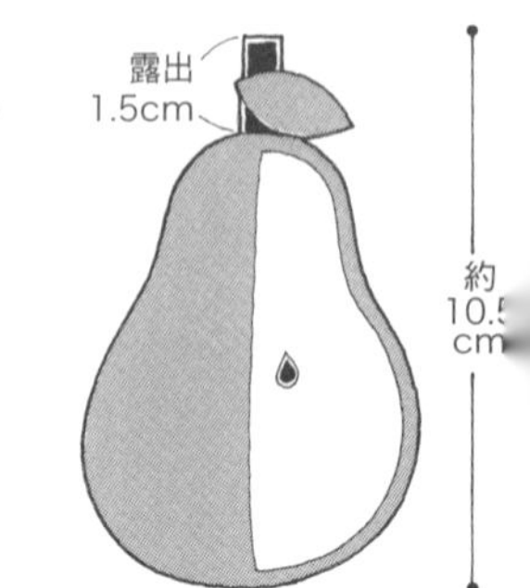

原寸紙型

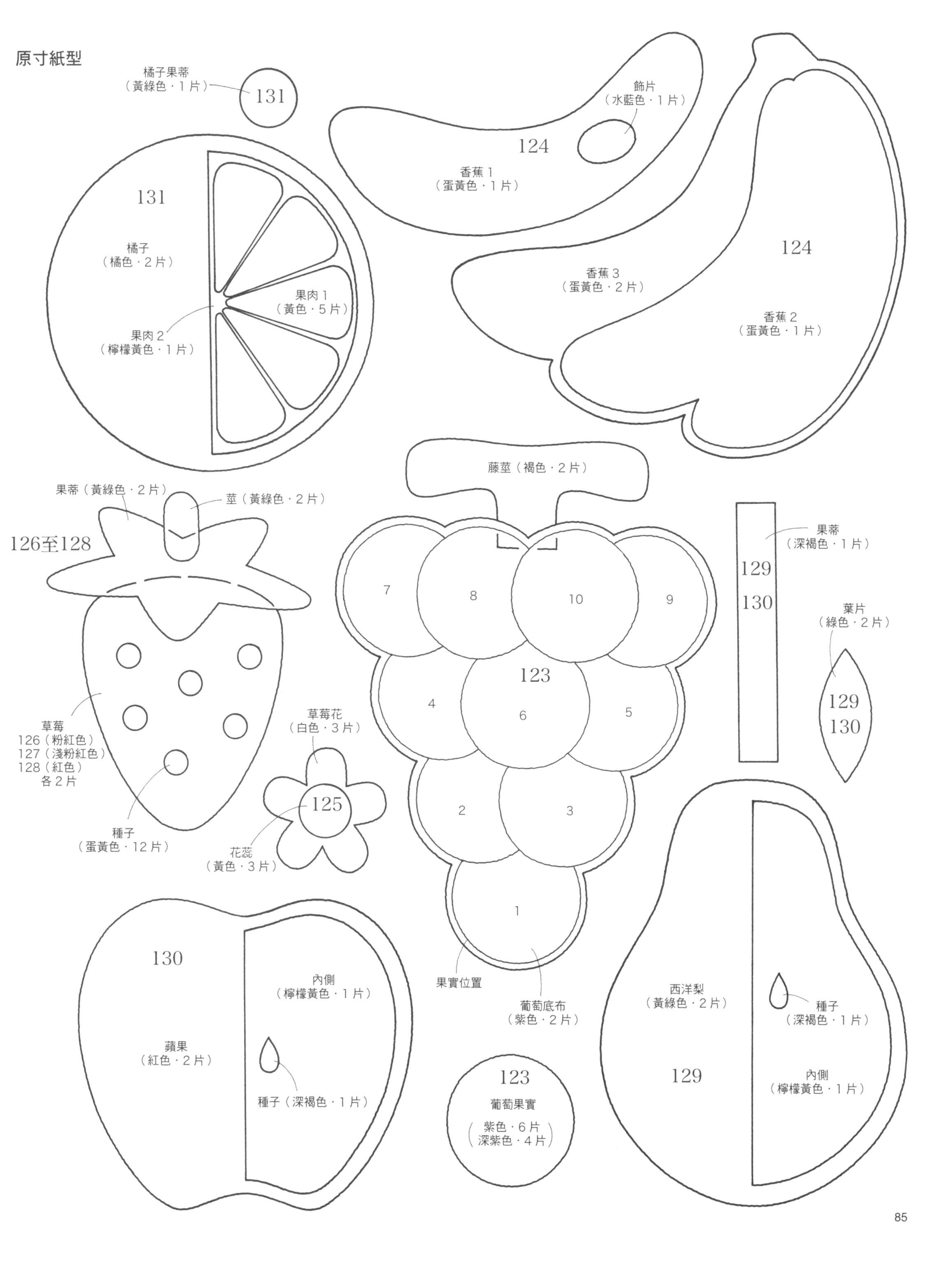

橘子果蒂
（黃綠色・1片）
131
131
橘子
（橘色・2片）
果肉1
（黃色・5片）
果肉2
（檸檬黃色・1片）
飾片
（水藍色・1片）
124
香蕉1
（蛋黃色・1片）
124
香蕉3
（蛋黃色・2片）
香蕉2
（蛋黃色・1片）
果蒂（黃綠色・2片）
莖（黃綠色・2片）
126至128
草莓
126（粉紅色）
127（淺粉紅色）
128（紅色）
各2片
種子
（蛋黃色・12片）
草莓花
（白色・3片）
125
花蕊
（黃色・3片）
藤莖（褐色・2片）
7
8
10
9
123
4
6
5
2
3
1
果實位置
葡萄底布
（紫色・2片）
果蒂
（深褐色・1片）
129
130
葉片
（綠色・2片）
129
130
130
內側
（檸檬黃色・1片）
蘋果
（紅色・2片）
種子（深褐色・1片）
123
葡萄果實
（紫色・6片
深紫色・4片）
西洋梨
（黃綠色・2片）
種子
（深褐色・1片）
129
內側
（檸檬黃色・1片）

P.32　132至134　房子

※原寸紙型見 P.88

132材料
不織布（紅色）16×5cm
（駝色）14×9cm
（白色）3×3cm
（橘色）3×2cm
（水藍色）3×3cm
（粉紅色・抹茶色）各2×2cm
（芥末黃色）1×1cm
25號繡線
（紅色・駝色・黃綠色・白色）
手工藝用棉花　適量

133材料
不織布
（灰色）13×3cm
（水藍色）13×7cm
（白色）3×3cm
（紅色）2×3cm
（深褐色）2×2cm
25號繡線
（紅色・灰色・水藍色）
手工藝用棉花　適量

134材料
不織布
（白色）18×5cm
（褐色）16×8cm
（紅色・深褐色）2×3cm
（芥末黃色・橘色・粉紅色・黃綠色）各2×2cm
25號繡線（與不織布同色）
手工藝用棉花　適量

132

1 房子前片黏貼窗戶。組裝花朵。

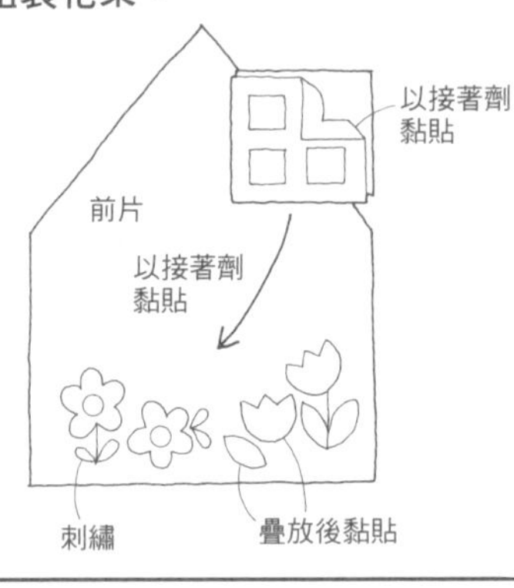

2 房子上組裝屋頂。

3 與後片疊合縫合，塞入棉花。

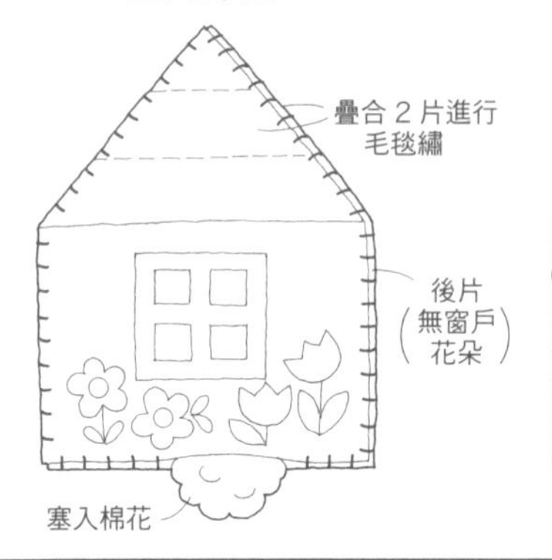

完成圖

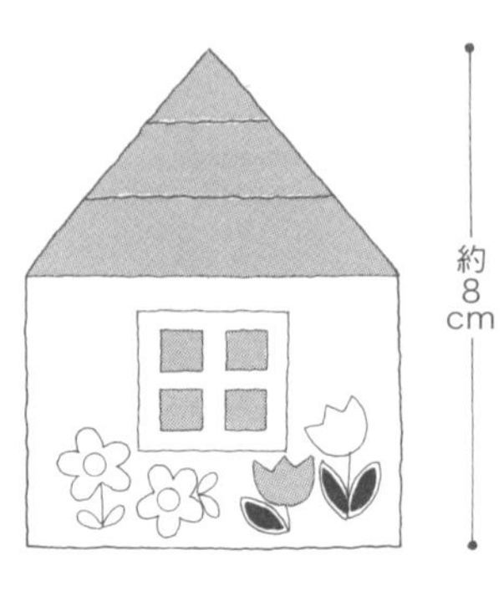

133

1 屋頂進行刺繡。

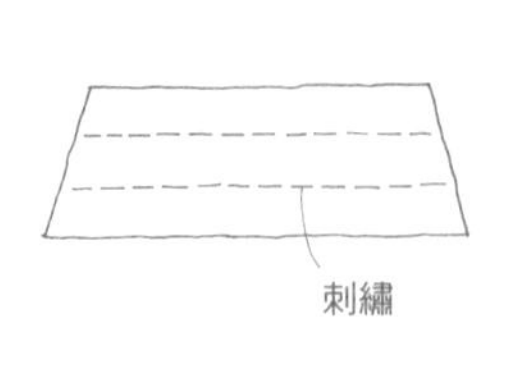

2 房子前片組裝窗戶&門。

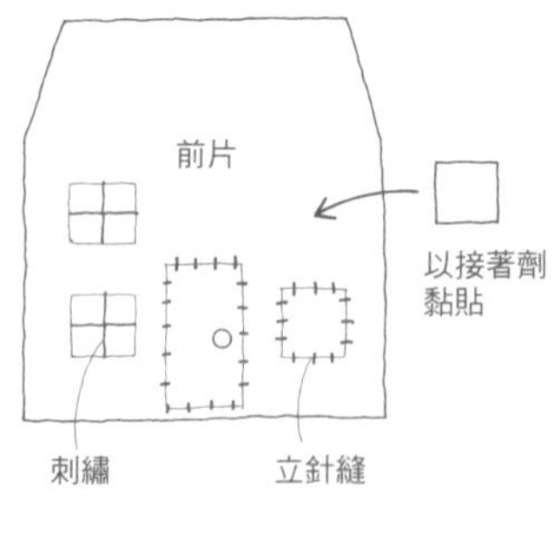

3 與後片疊合後縫合，塞入棉花。

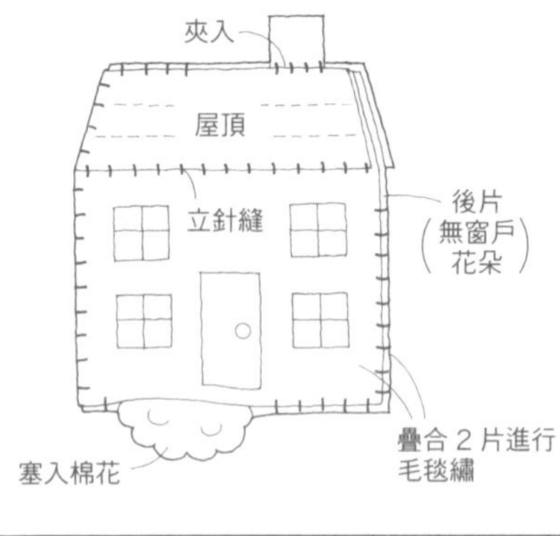

完成圖

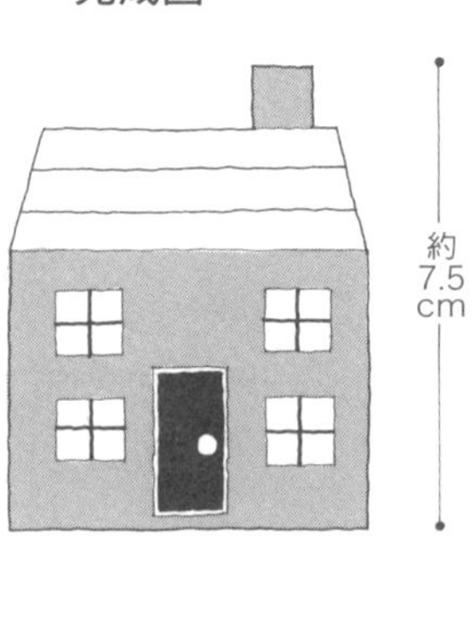

134

1 屋頂上組裝裝飾。

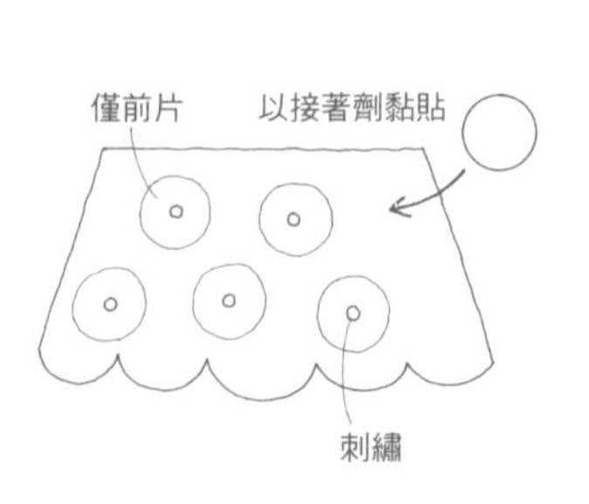

2 房子上組裝屋頂・窗戶・門。

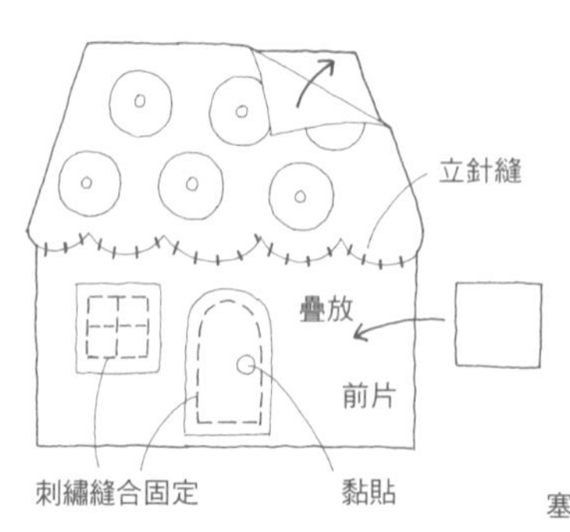

3 與後片疊合後縫合，塞入棉花。

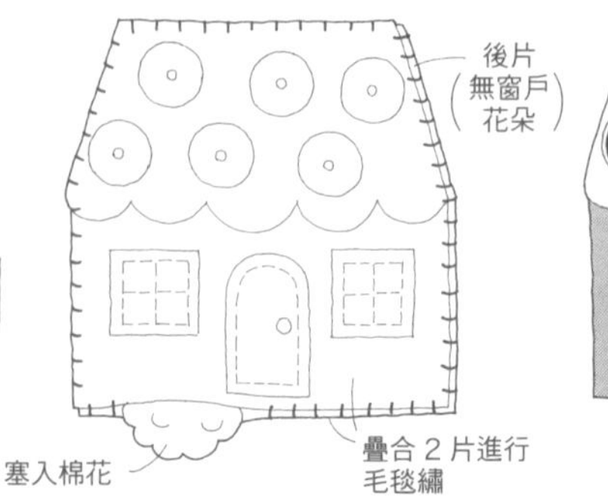

完成圖

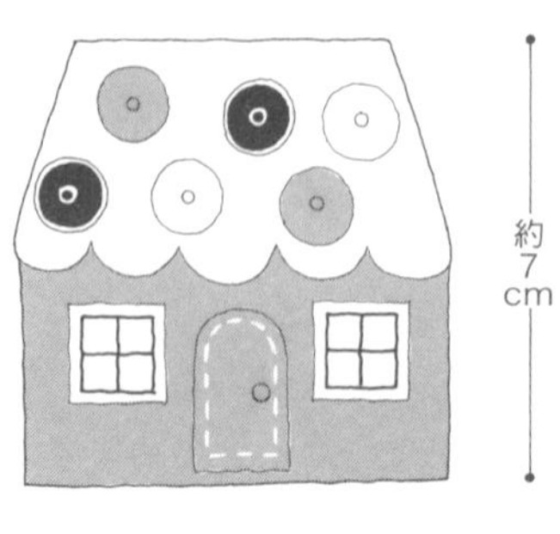

P.32　135巴士　136汽車　P.31　132・138樹木

135材料
不織布
（檸檬黃色）12×10cm
（水藍色）8×2cm
（紅色・深藍色）各2×4cm
（黃色）1×1cm
（灰色）2×2cm
（褐色）4×4cm
25號繡線
（檸檬黃色・水藍色・灰色・褐色）
手工藝用棉花　適量

※原寸紙型見 P.88

136材料
不織布（紅色）20×8cm
（水藍色）7×3cm
（淺黃色・灰色）各2×2cm
（褐色）4×4cm
25號繡線（與不織布同色）
手工藝用棉花　適量

135

1 在巴士前片組裝窗戶等部件。

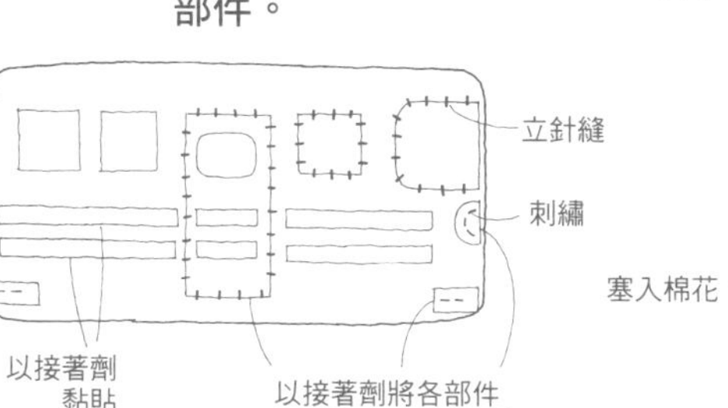

2 與後片疊合後縫合，塞入棉花。縫上輪胎。

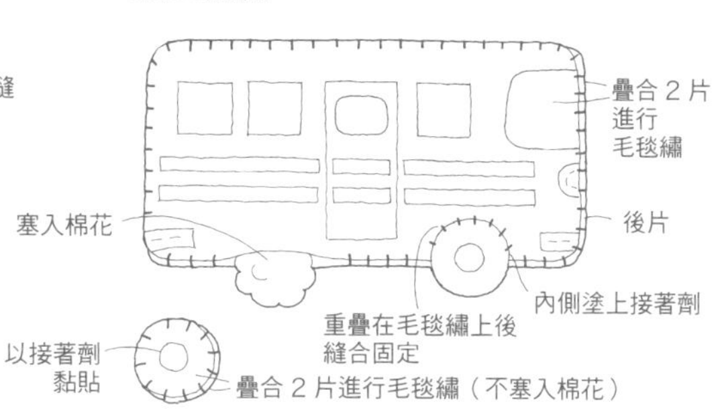

完成圖

136

作法同巴士。

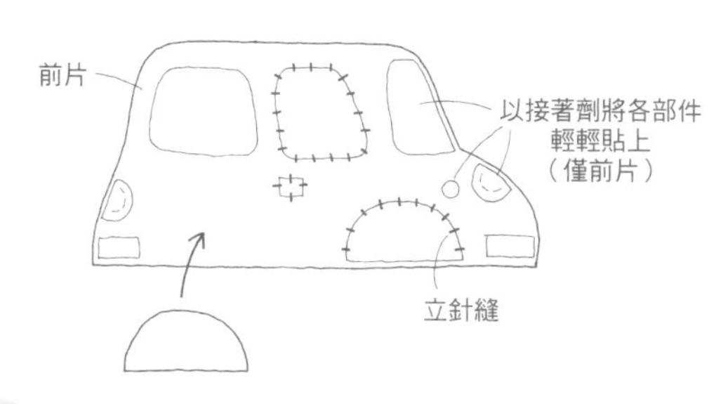

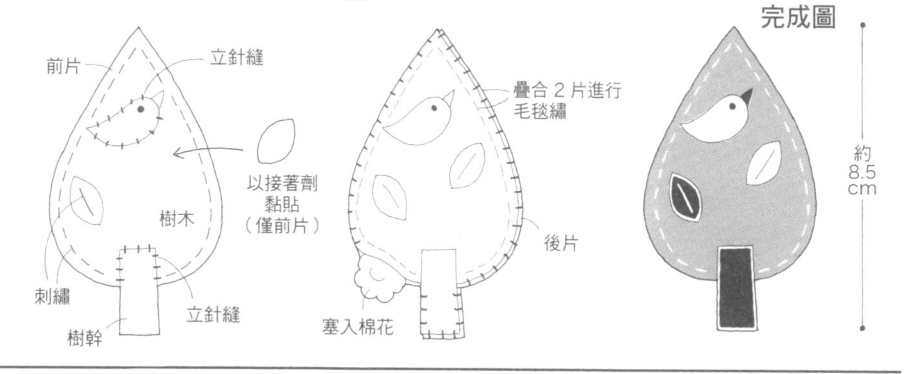

完成圖

137

1 樹木上組裝小鳥・葉片・樹幹。 **2** 與另一片縫合，塞入棉花。

材料
不織布
（抹茶色）12×8cm
（褐色）3×3cm
（橘色）3×2cm
（綠色）3×4cm
（黃綠色）2×1cm
25號繡線
（橘色・抹茶色・白色・褐色・藍色）
手工藝用棉花　適量

前片
立針縫
以接著劑
黏貼
（僅前片）
樹木
刺繡
立針縫
樹幹
疊合 2 片進行
毛毯繡
後片
塞入棉花

完成圖

約
8.5
cm

138

1 果實組裝於樹木上。縫製樹幹。 **2** 與另一片縫合，塞入棉花。

材料
不織布
（綠色）12×6cm
（褐色）4×4cm
（紅色）3×1cm
25號繡線（綠色・褐色）
手工藝用棉花　適量

完成圖

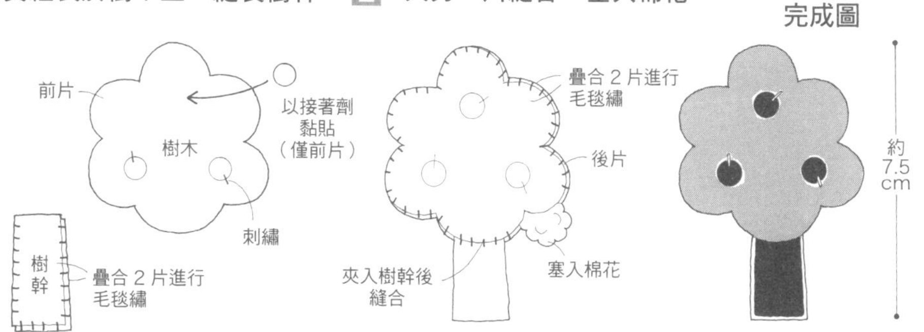

P.32　132至138

原寸紙型

※除指定處之外，都是以2股繡線刺繡。

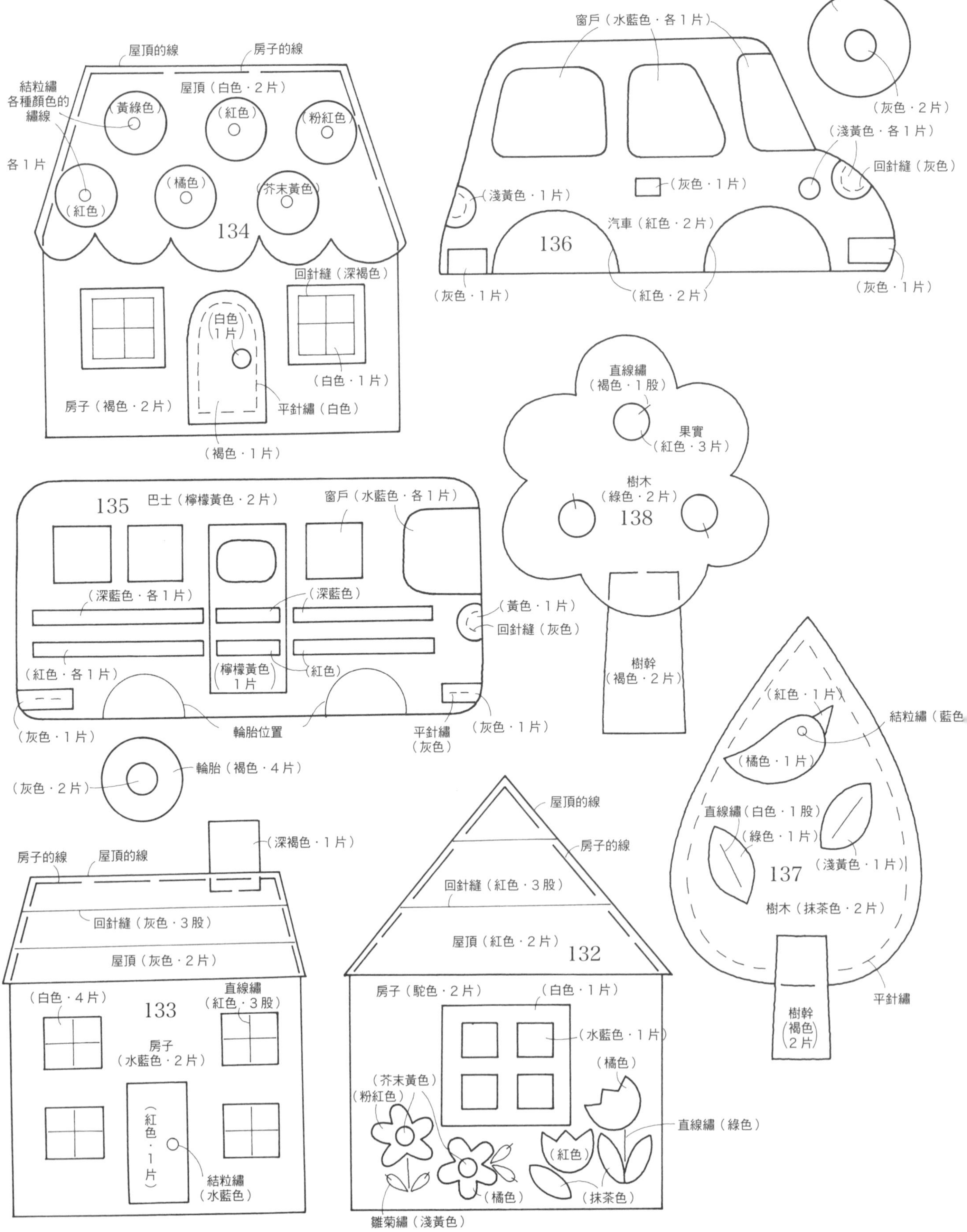

屋頂的線
房子的線
結粒繡
各種顏色的
繡線
屋頂（白色・2片）
（黃綠色）
（紅色）
（粉紅色）
各1片
（紅色）
（橘色）
（芥末黃色）
134
回針縫（深褐色）
（白色
1片）
（白色・1片）
房子（褐色・2片）
平針繡（白色）
（褐色・1片）

窗戶（水藍色・各1片）
輪胎（褐色・4片）
（灰色・2片）
（淺黃色・各1片）
回針縫（灰色）
（灰色・1片）
（淺黃色・1片）
汽車（紅色・2片）
136
（灰色・1片）
（紅色・2片）
（灰色・1片）

135
巴士（檸檬黃色・2片）
窗戶（水藍色・各1片）
（深藍色・各1片）
（深藍色）
（黃色・1片）
回針縫（灰色）
（紅色・各1片）
（檸檬黃色
1片）
（紅色）
（灰色・1片）
輪胎位置
平針繡
（灰色）
（灰色・1片）
（灰色・2片）
輪胎（褐色・4片）

直線繡
（褐色・1股）
果實
（紅色・3片）
樹木
（綠色・2片）
138
樹幹
（褐色・2片）

（紅色・1片）
結粒繡（藍色）
（橘色・1片）
直線繡（白色・1股）
（綠色・1片）
（淺黃色・1片）
137
樹木（抹茶色・2片）
平針繡
樹幹
（褐色
2片）

（深褐色・1片）
房子的線
屋頂的線
回針縫（灰色・3股）
屋頂（灰色・2片）
（白色・4片）
133
直線繡
（紅色・3股）
房子
（水藍色・2片）
（紅色・1片）
結粒繡
（水藍色）

屋頂的線
房子的線
回針縫（紅色・3股）
屋頂（紅色・2片）
132
房子（駝色・2片）
（白色・1片）
（水藍色・1片）
（橘色）
（芥末黃色）
（粉紅色）
直線繡（綠色）
（紅色）
（橘色）
（抹茶色）
雛菊繡（淺黃色）

趣・手藝 04

可愛100%・超吸睛！
138款超簡單不織布小玩偶（暢銷新裝版）

作　　者／BOUTIQUE-SHA
譯　　者／夏淑怡
發 行 人／詹慶和
總 編 輯／蔡麗玲
執行編輯／陳姿伶
編　　輯／蔡毓玲・劉蕙寧・黃璟安・白宜平・李佳穎
封面設計／陳麗娜
內頁排版／周盈汝・翟秀美
內頁排版／造極
出 版 者／Elegant-Boutique新手作
發 行 者／悅智文化事業有限公司
郵撥帳號／19452608
戶　　名／悅智文化事業有限公司
地　　址／新北市板橋區板新路206號3樓
網　　址／www.elegantbooks.com.tw
電子郵件／elegant.books@msa.hinet.net
電　　話／(02) 8952-4078
傳　　真／(02) 8952-4084

2015年8月二版一刷　定價300元

Lady Boutique Series　No.3396
FELT NO TEDUKURI MASCOT

經銷／高見文化行銷股份有限公司
進退貨地址／新北市樹林區佳園路二段70-1號
電話／0800-055-365
傳真／(02)2668-6220

國家圖書館出版品預行編目(CIP)資料

可愛100%・超吸睛！138款超簡單不織布小玩偶 /
BOUTIQUE-SHA著；夏淑怡譯.
-- 二版. -- 新北市：Elegant-Boutique新手作出版：
悅智文化發行, 2015.08
面；　公分. -- (趣・手藝；04)
ISBN 978-986-5905-99-6 (平裝)
1.玩具 2.手工藝

426.78　　104013542

可愛100%
·
超吸睛！

可愛100%
·
超吸睛！

可愛100%
・
超吸睛！